Hermann Moosmeier, Werner Reuschl

Konstruktionsmechanik

Lernsituationen, Technologie, Technische Mathematik

Lernfelder 9, 10 und 11

1. Auflage

Bestellnummer 74180

Bildungsverlag EINS

Haben Sie Anregungen oder Kritikpunkte zu diesem Produkt?
Dann senden Sie eine E-Mail an 74180_001@bv-1.de
Autoren und Verlag freuen sich auf Ihre Rückmeldung.

www.bildungsverlag1.de

Bildungsverlag EINS GmbH
Hansestraße 115, 51149 Köln

ISBN 978-3-427-**74180**-0

Inhaltsverzeichnis

Lernfeld 9: Herstellen von Konstruktionen aus Blechbauteilen

Lernfeld 10: Herstellen von Konstruktionen aus Profilen

Lernfeld 11: Montieren und Demontieren von Metallkonstruktionen

Konstruktionsmechanik	Datum:	**Herstellen von Konstruktionen aus Blechbauteilen**	Lernfeld 9
Name:	Klasse:	***Bohren von Blechen***	**1**

Beim Bohren von Feinblechen mit einem Durchmesser von mehr als 12 mm können sich Werkstück und Werkzeug verhaken.

Folge: ____

Deshalb müssen besondere Bohrer verwendet werden.

Wendelbohrer Typ N	**Wendelbohrer Typ N mit Zentrierspitze**	**Schälaufbohrer**
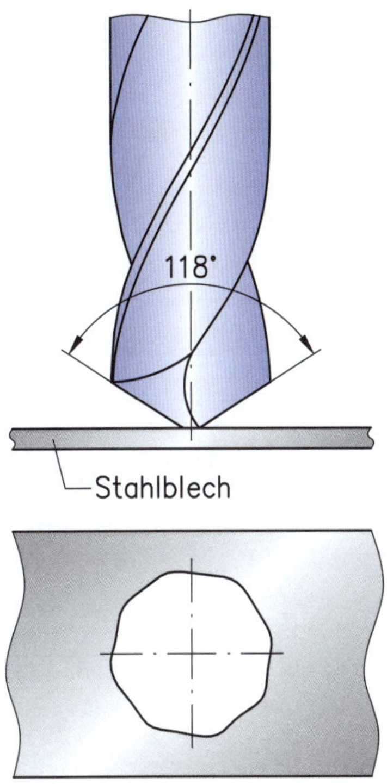	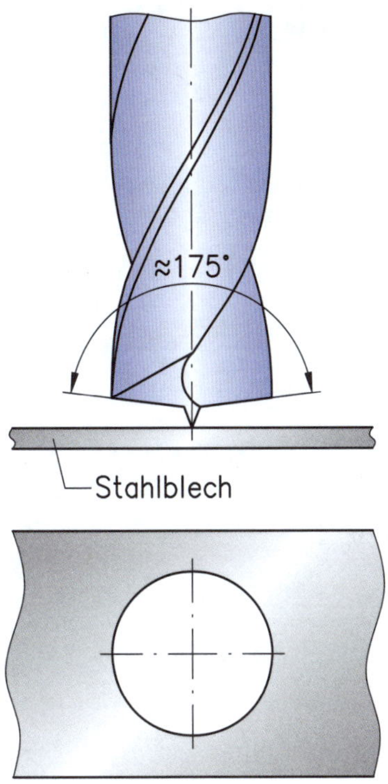	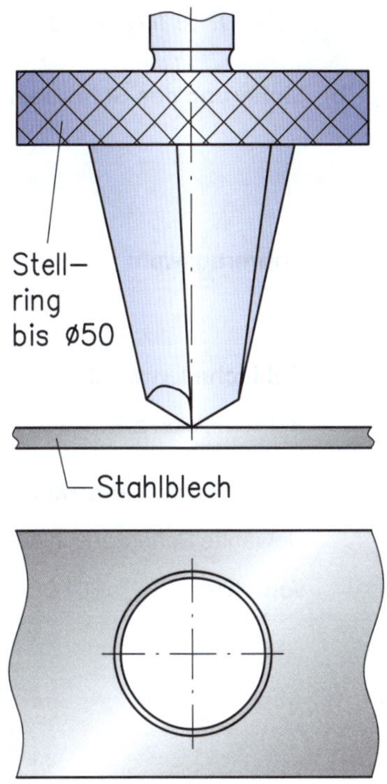
Die Bohrung ist ____________.	Die Bohrung ist ____________.	Die Bohrung ist ____________.
Zylindrische Bohrung		Leicht kegelige Bohrung

Für große Bohrungen ab etwa 40 mm Durchmesser werden Kreisschneider verwendet.
Benennen Sie die Teile.

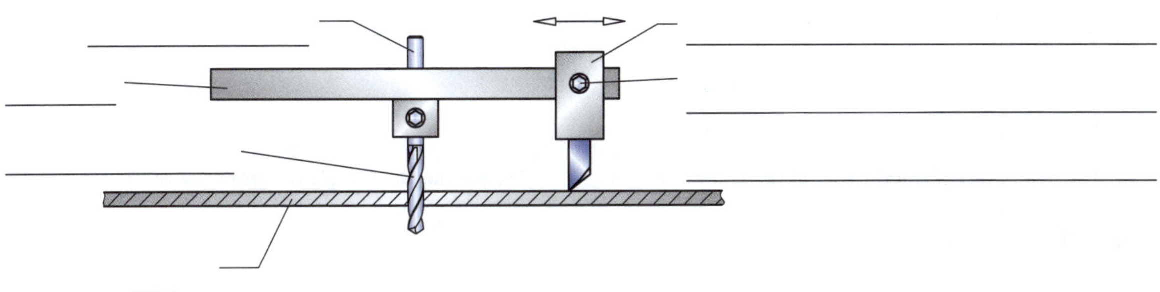

Konstruktionsmechanik	Datum:	Herstellen von Konstruktionen aus Blechbauteilen	Lernfeld 9
Name:	Klasse:	*Bohren von Blechen*	1

1. Aufgabe: In einen 100 mm breiten Stahlblechstreifen (t = 1,5 mm) werden Bohrungen mit 22 mm Durchmesser gefertigt.
Beschreiben Sie den Arbeitsablauf.

a) Einspannen des Blechstreifens

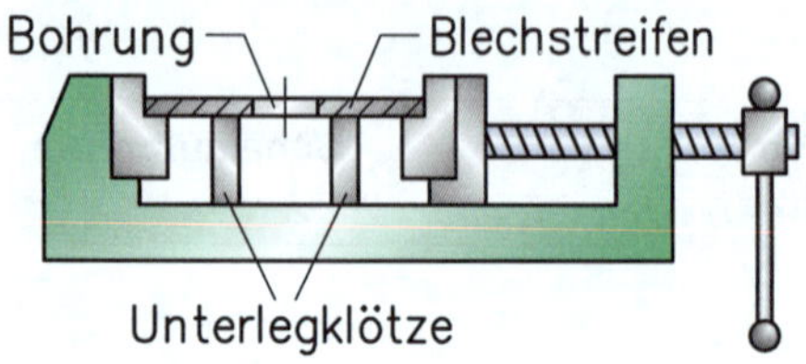

Bei breiten Blechstreifen müssen Unterlegklötze verwendet werden.

Begründung: ____________________

____

b) Sicherung des Schraubstocks

____

____

c) Bohrerauswahl

____

d) Kühlschmiermittel

Bohremulsion z. B. __________

e) Einstellen der Drehzahl

Gewählte Schnittgeschwindigkeit $v_c \approx$ __________

Vorbohren: __________

v_c = __________ n = __________

n_1 = __________

n_1 = __________

Fertigbohren: n_2 = __________

n_2 = __________

f) Messkontrolle

____

g) Entgraten

Der Bohrungsrand wird beiseitig entgratet.

Werkzeug: ____________________

Die Schnittgeschwindigkeit ist beim Senken um ______ % kleiner als bei gleich großen Wendelbohrern.

h) Unfallverhütung

– ____________________

– ____________________

– ____________________

– ____________________

– ____________________

2. Augabe: In einem 2 mm dicken Al-Blech wird mit einem Kreisschneider ein Kreisausschnitt ausgeführt. Der Durchmesser beträgt 200 mm.
Beschreiben Sie auch hier den Arbeitsablauf.

a) Aufspannen des Werkstücks

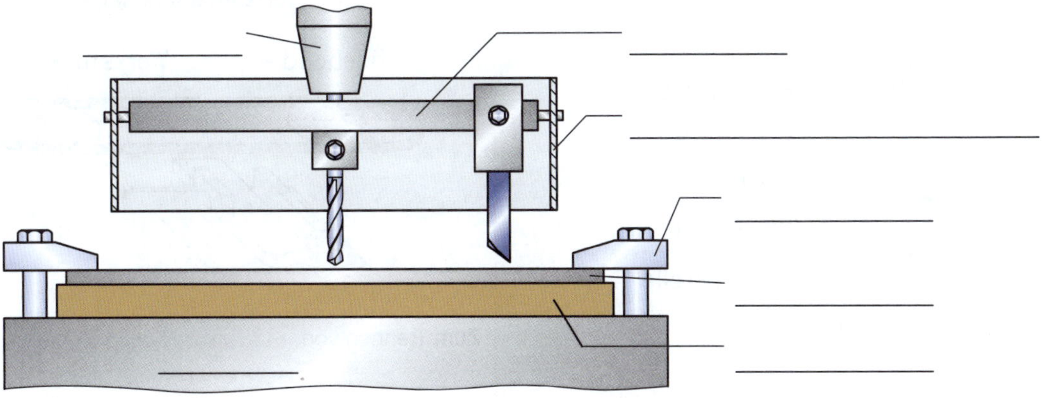

b) Einstellen des Kreisschneiders auf r = ________

c) Einstellen der Drehzahl

Gewählte Schnittgeschwindigkeit $v_c \approx$ ________

n = ________ = ________ = ________

d) Kühlschmiermittel

____

e) Entgraten

____

Maschinensägen

Beim Sägen von Blechen werden Bandsägemaschinen verwendet.

A. Bauarten

Vertikalbandsäge	Horizontalbandsäge
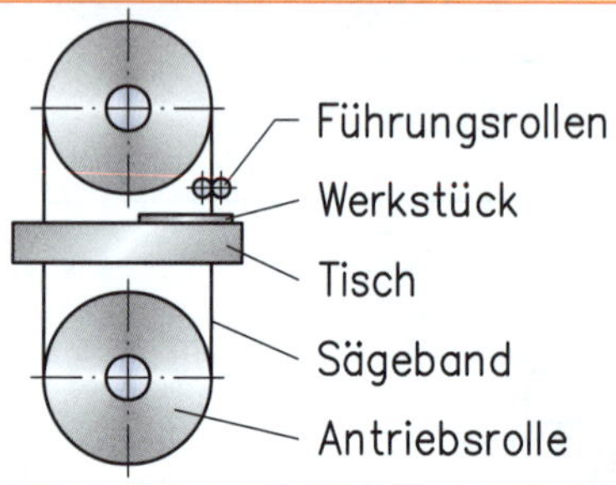	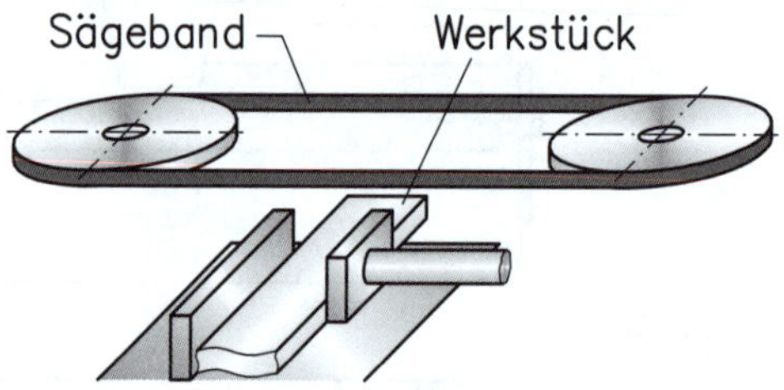
Zum Trennen von ______________________.	Zum Trennen von ______________________.

B. Sägeblatt zum Trennen von Blechen aus Stahl

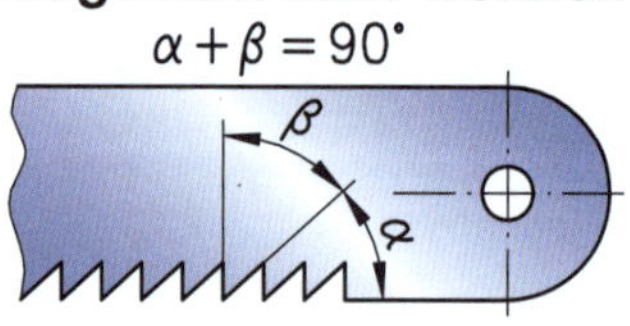

- Zahnteilung: ______________________
- Spanwinkel: ______________________
- Werkstoff: ______________________

C. Unfallverhütung

Ein 4 mm dickes Aluminiumblech ist zu trennen. Nennen Sie Vorschriften, wodurch Unfälle vermieden werden.

- ______________________
- ______________________
- ______________________
- ______________________
- ______________________
- ______________________

D. Schnittgeschwindigkeit (Auswahl)

Werkstoff (Blech)	Schnittgeschwindigkeit v_c (m/min) (Mittelwerte)
DC 01 .... DC 06 HC 180 .... HC 420 S 235 .... S 350	______________
Nichtrostende Bleche X2CrNiMo17-13-5	______________
Al, Cu und ihre Legierungen	______________

E. Aufgabe

Mit einer Vertikalbandsäge werden Stahlbleche aus S 235 getrennt. Die Antriebsrolle hat einen Durchmesser von 600 mm und läuft mit einer Drehzahl von 0,533 1/s.
Mit welcher Schnittgeschwindigkeit (in m/min) arbeitet die Maschine?

Maschinenscheren

A. Elektrohandscheren

1. Elektrohandnibbler

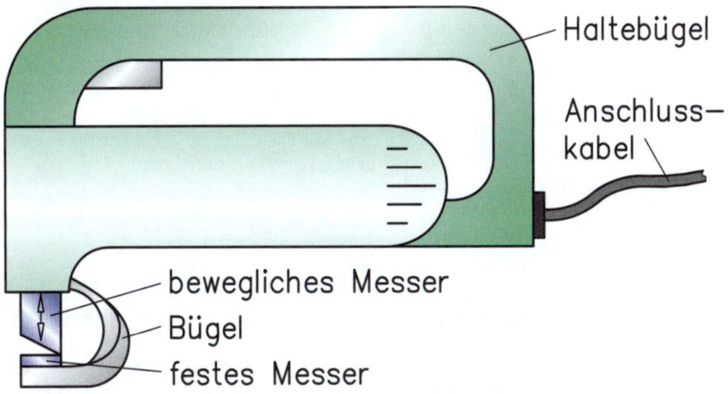

Die Schnittkanten des Blechs werden

____________ verbogen.

Es entsteht kein Span.

2. Elektrodoppelhandnibbler

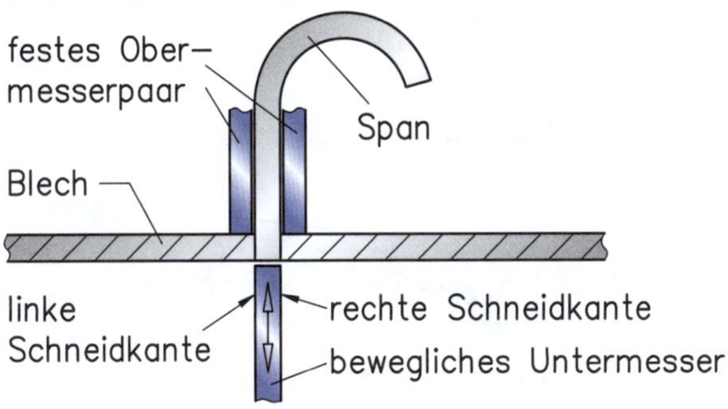

Die Schnittkanten des Blechs werden

____________ verbogen.

Es entsteht ein 3 bis 5 mm breiter Spanstreifen.

3. Elektrohandknabber

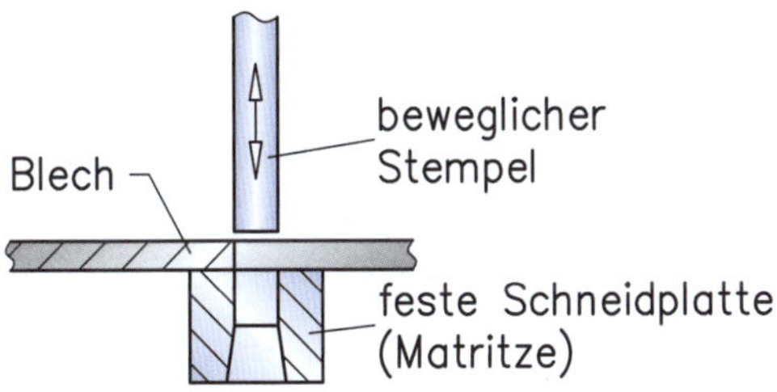

Die Schnittkanten des Blechs werden

____________.

Es entsteht ein 3 bis 5 mm breiter Schnittspalt mit kleinen gestanzten Spänen.

B. Scheren

1. Hebeltafelschere (Schlagschere)

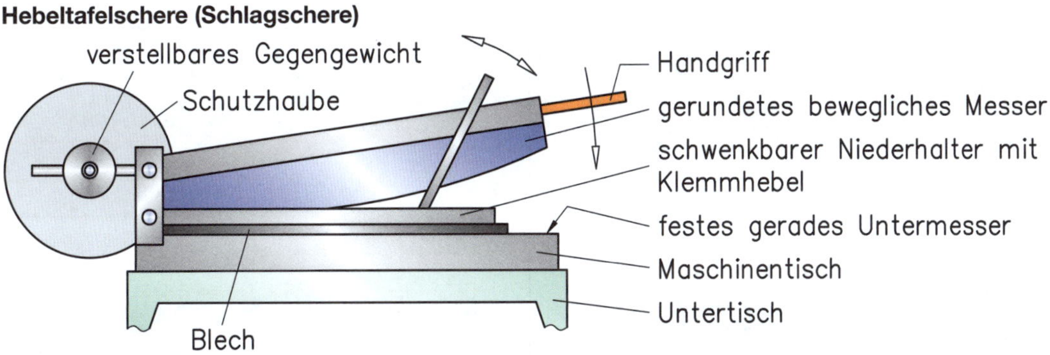

Mit der Hebeltafelschere können Feinbleche bis 3 mm Dicke getrennt werden. Der Niederhalter wird durch den Klemmhebel festgestellt.

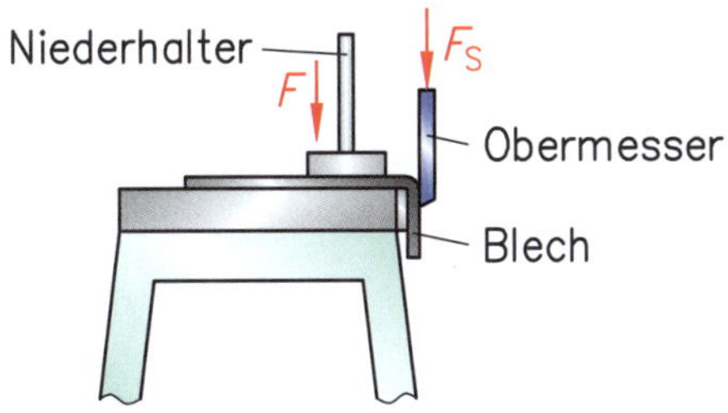

Beim Abwärtsbewegen des Obermessers kann sich das Blech trotz Niederhalter verklemmen.

Abhilfe:

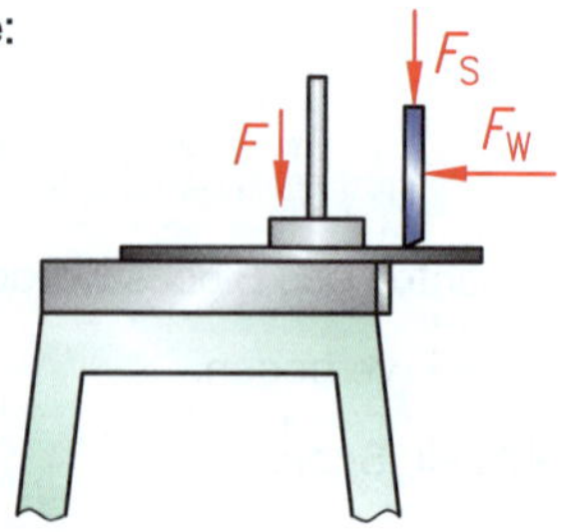

Verhindert wird dies durch

Auch nach dem Trennvorgang können Schnittverletzungen auftreten.

Abhilfe:

Aufgabe: Ein 250 mm breites Feinblech aus Stahl soll mit der Schlagschere getrennt werden. Die Handkraft beträgt 300 N.
Berechnen Sie die erforderlichen Schnittkräfte (in N) bei den unterschiedlichen Blechpositionen.

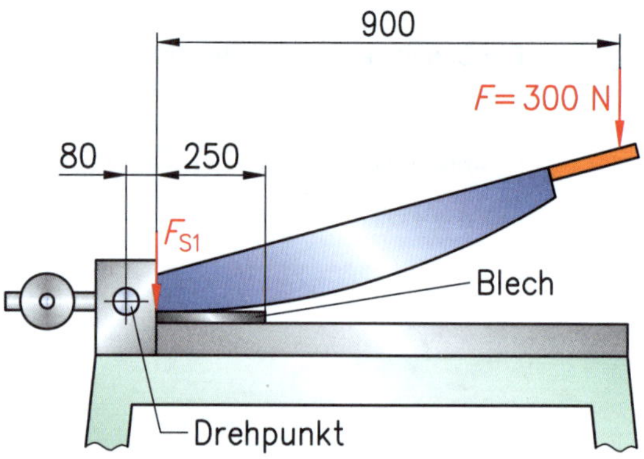

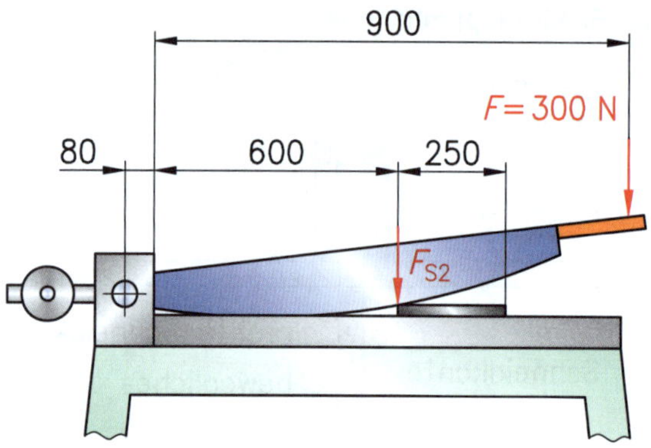

Erkenntnis:

2. Hebelschere

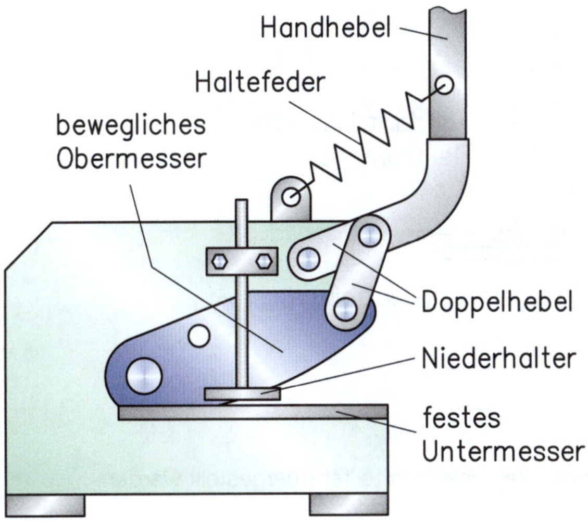

Hebelscheren haben kurze Schnittlängen. Das abgetrennte Blech auf der gegenüberliegenden Seite des Niederhalters wird beim Scheren verbogen. Es können Grobbleche bis etwa 12 mm Dicke getrennt werden.

Sehr große Schnittkräfte erbringen Hebelscheren mit Übersetzung durch ______________________.

Aufgabe: Welche Schnittkraft F_S (in N) erbringt eine Doppelhebelschere, wenn die Handkraft F_H 250 N beträgt?

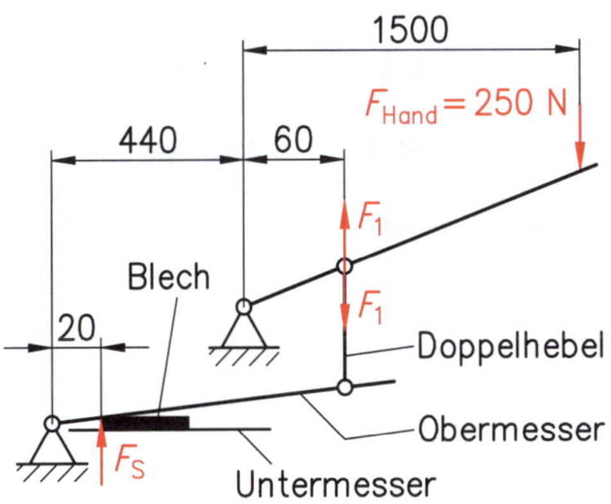

Erkenntnis: ______________________

____

Unfallverhütung

– ______________________

– ______________________

– ______________________

– ______________________

3. Kreismesserschere

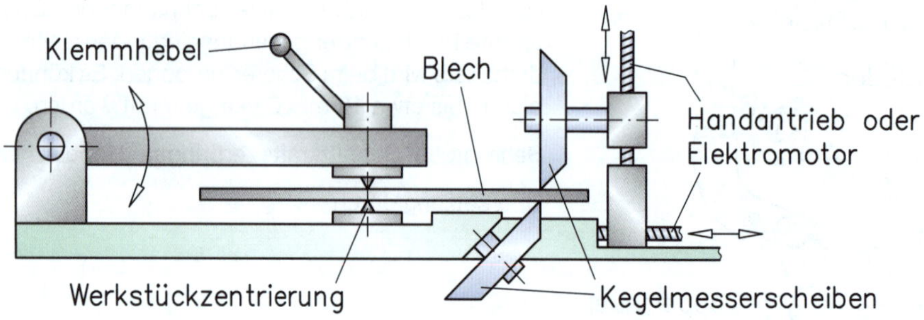

Mit der Kreismesserschere können hergestellt werden:

____.

Nach Entfernen der Zentriereinrichtung können auch beliebig gekrümmte Teile hergestellt werden.
Die Größe der Werkstücke ist jedoch begrenzt.

Abhilfe: ____

4. Ausklinkblechschere

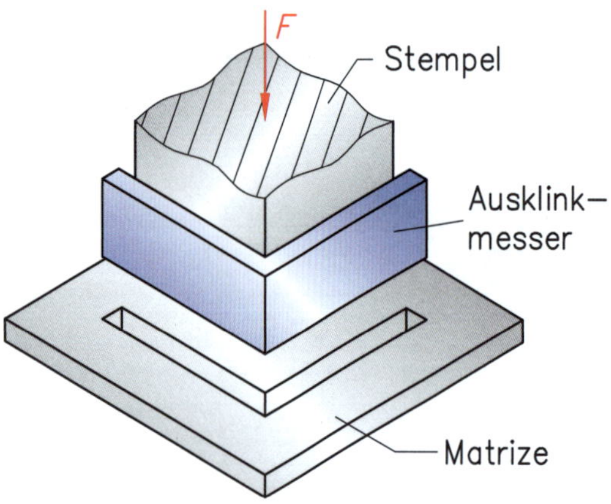

Die Stempelkraft wird durch Druckluft oder Öldruck erzeugt.
Das Ausklinkmesser ist auswechselbar und kann verschieden geformt sein.
Skizzieren Sie mögliche Anwendungsbeispiele.

5. Hydraulische Tafelschere

Große Blechtafeln (ca. 3000 x 5000 mm) werden mit hydraulischen Tafelscheren getrennt. Die Maschinen sind meist mit NC-Steuerungen ausgerüstet.

Nennen Sie einige Sicherheitseinrichungen.

– ____

– ____

– ____

– ____

Konstruktionsmechanik	Datum:	**Herstellen von Konstruktionen aus Blechbauteilen**	Lernfeld 9
Name:	Klasse:	*Schneiden von Blechen durch Scherschneiden*	**4**

Schneiden ist das Trennen von Werkstücken. Dabei entstehen keine Späne.

Ist die Schnittlinie in sich geschlossen (z. B. ○ ▽ □ ▭ ⬭), spricht man vom **geschlossenen Schneiden**.

Dabei schneidet das Werkzeug gleichzeitig auf seiner ganzen Länge.

Ordnen Sie den Skizzen zu: Stauchen, Schneidwerkzeug, Fließen, Werkstück, Lochen, Ausschneiden, Reißen.

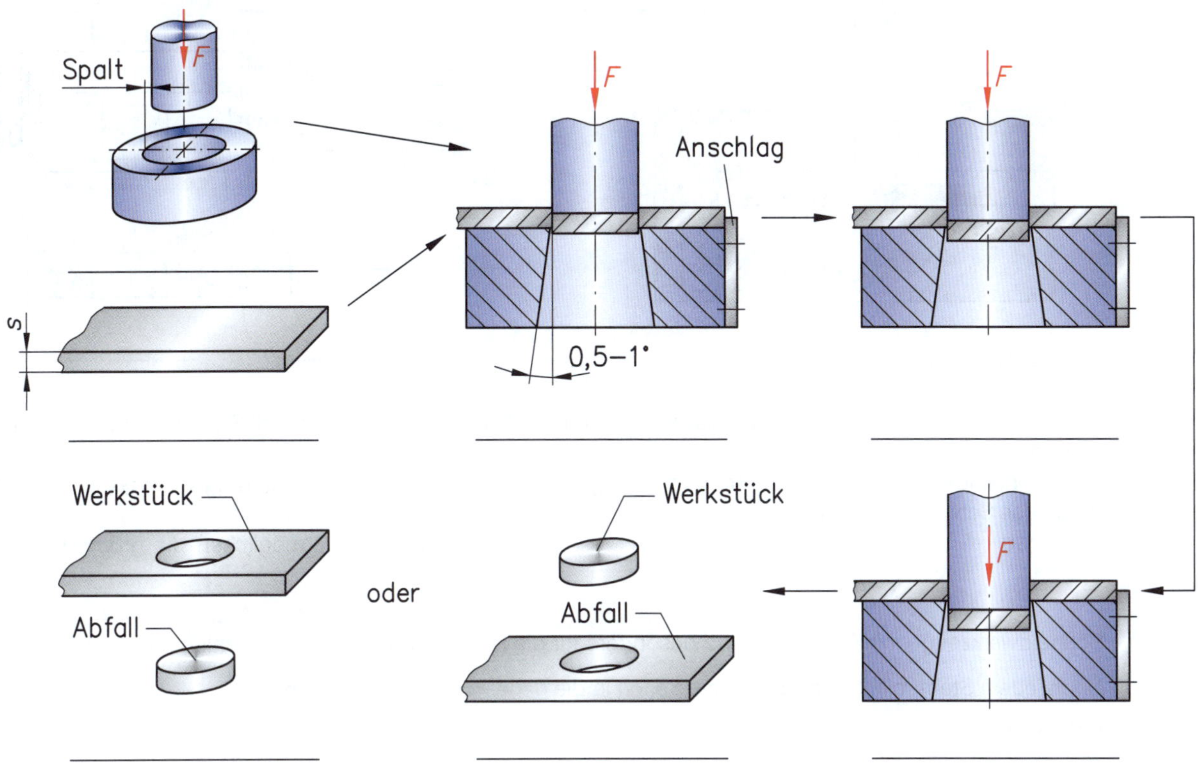

Die Größe des Schneidspalts ist von der Dicke des Werkstücks abhängig.

Werkzeuge zum Scherschneiden

1. **Schneidwerkzeug ohne Führung**
   Ordnen Sie der Skizze zu:
   Schneidplatte, Abstreifer, Werkstück, Stempel, Abfall, Pressenstößel.

   Bei diesem Schneidwerkzeug wird der Stempel nur vom Stößel der Presse geführt. Ein sehr genaues Einrichten von Stempel und Schneidplatte ist erforderlich. Der Abstreifer verhindert die Mitnahme des Werkstücks durch den aufwärts gehenden Stempel.
   Dieses einfache Schneidwerkzeug wird überwiegend bei der Herstellung kleiner Stückzahlen verwendet.

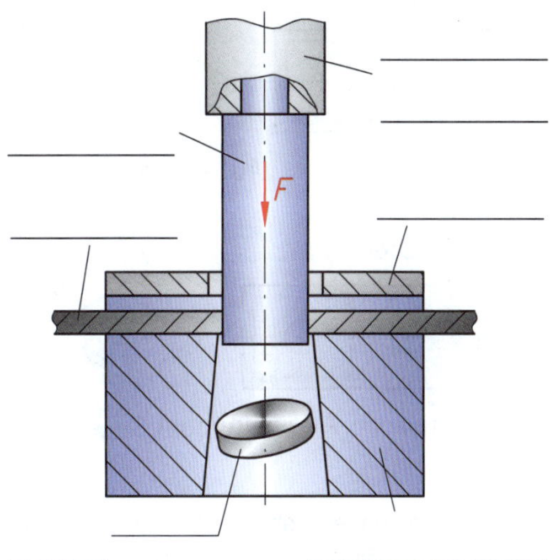

Konstruktionsmechanik	Datum:	**Herstellen von Konstruktionen aus Blechbauteilen**	Lernfeld 9
Name:	Klasse:	*Schneiden von Blechen durch Scherschneiden*	4

2. Schneidwerkzeuge mit Führung

a) Schneidwerkzeug mit Plattenführung

Ordnen Sie der Skizze zu:
Schneidplatte, Werkstück, Stempel, Streifenführung, Führungsplatte.

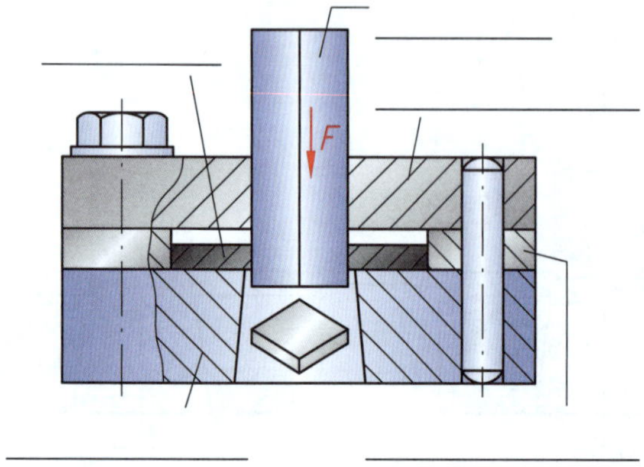

Der Stempel wird von der Führungsplatte zentrisch geführt.
Das Werkstück gleitet zwischen Streifenführungen durch das Schneidwerkzeug.

b) Schneidwerkzeug mit Säulenführung

Ordnen Sie der Skizze zu:
Abstreifer, Stempel, Oberteil, Führungssäule, Gleitbuchsen, Unterteil, Streifenführung.

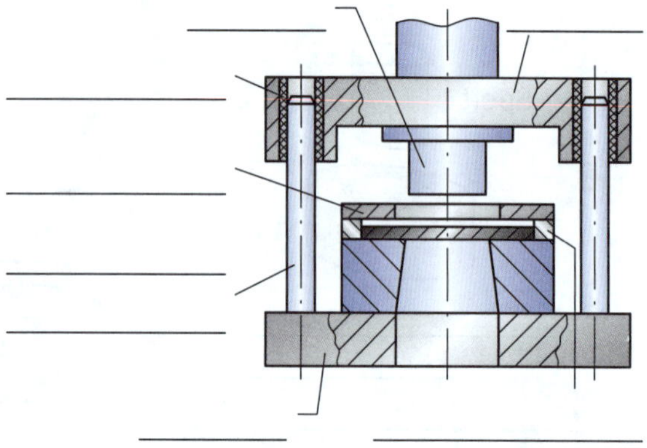

Das Werkzeugoberteil mit Stempel wird durch Säulen geführt.
Oberhalb der Streifenführung befindet sich der Abstreifer.
Säulenführungen ermöglichen die größte Genauigkeit.

Schneidwerkzeuge mit Führungen sind besonders für die Herstellung großer Stückzahlen geeignet.

Nach jedem Stempelhub wird der Blechstreifen in die neue Position geschoben.

Hilfsmittel: ______________________________

Fertigungsabläufe (Auswahl)

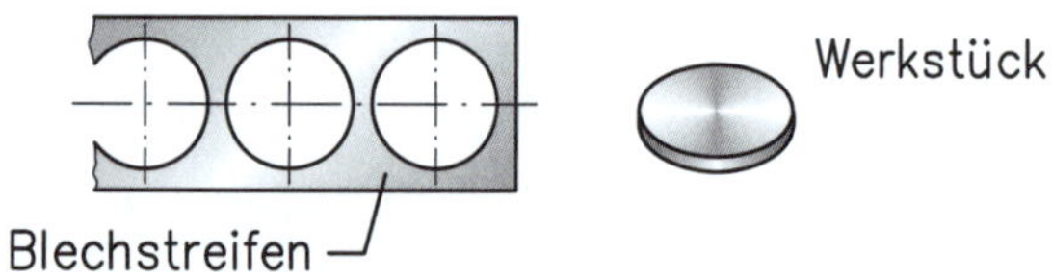

Das Werkzeug (Stempel) schneidet das Werkstück in einem Zug aus:

____

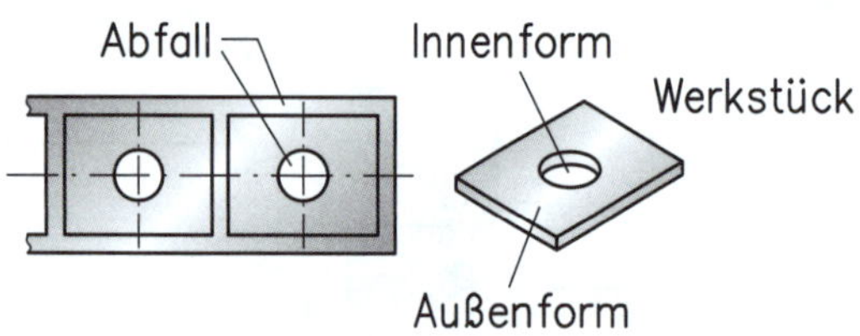

Das Werkzeug (Stempel) schneidet gleichzeitig Außen- und Innenform in einem Zug aus:

____

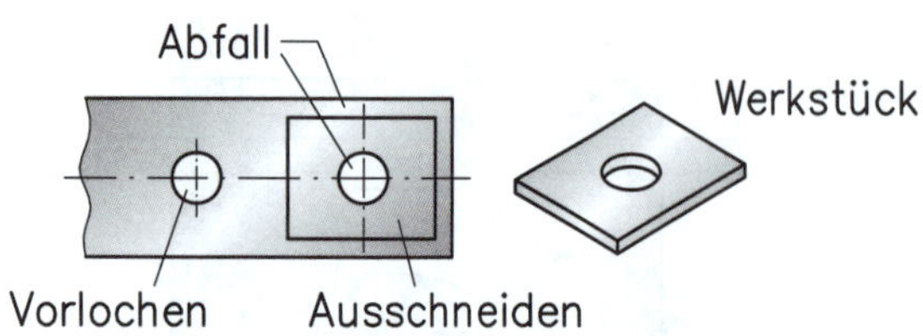

Der Blechstreifen wird mit dem Lochstempel vorgelocht und anschließend mit dem Schneidstempel ausgeschnitten:

____

Werkzeuge können neben Schneidstempeln auch noch Biegestempel enthalten.
Wird z. B. ein Blechwerkstück in der Reihenfolge Vorschneiden – Einschneiden – Biegen – Ausschneiden gefertigt, spricht man vom Folgeverbundschnittverfahren.

Aufgabe
Aus 3 mm dickem Stahlblech werden Scheiben mit 20 mm Durchmesser ausgeschnitten. Die Scherfestigkeit liegt bei 200 N/mm^2.

a) Wie lang (in mm) ist die Schnittkantenlänge?
b) Wie viel mm^2 misst die Schnittfläche?
c) Welche Schnittkraft (in N) ist zum Ausschneiden erforderlich?

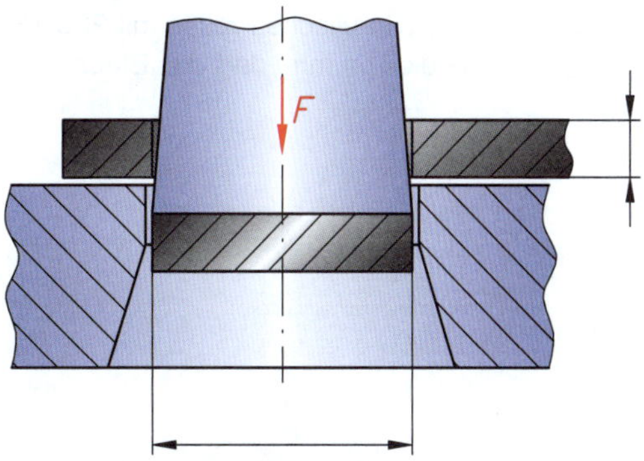

Geg.: ______

______

Ges.: a) ______ b) ______ c) ______

a) Schnittkantenlänge *L*

Die Schnittkantenlänge ist hier der ______:

$L =$ ______

$L =$ ______

$L =$ ______

b) Schnittfläche *A*

$A =$ ______ (mm^2)

Schnittkantenlänge ______ in ______

Werkstoffdicke ______ in ______

$A =$ ______

$A =$ ______

c) Schnittkraft *F*

$F =$ ______ (N)

______ in ______

______ in ______

$F =$ ______

$F =$ ______

1. Aufgabe: Welche Schnittkraft (in N) ist mindestens erforderlich, um aus 2 mm dickem Stahlblech mit der Zugfestigkeit von 370 N/mm^2 quadratische Teile mit 15 mm Seitenlänge auszuschneiden?

2. Aufgabe: Eine hydraulische Presse mit 200 kN Presskraft soll Scheiben mit 80 mm Durchmesser ausschneiden. Wie dick (in mm) darf das Blech sein, wenn die Scherfestigkeit 125 N/mm^2 beträgt?

3. Aufgabe: Laschen sollen nach Skizze durch einen Folgeschnitt hergestellt werden. Der Werkstoff hat eine Zugfestigkeit von 400 N/mm^2.
Wie groß sind die Schneidkräfte (in kN)
a) für das Vorlochen und
b) für das Ausschneiden?

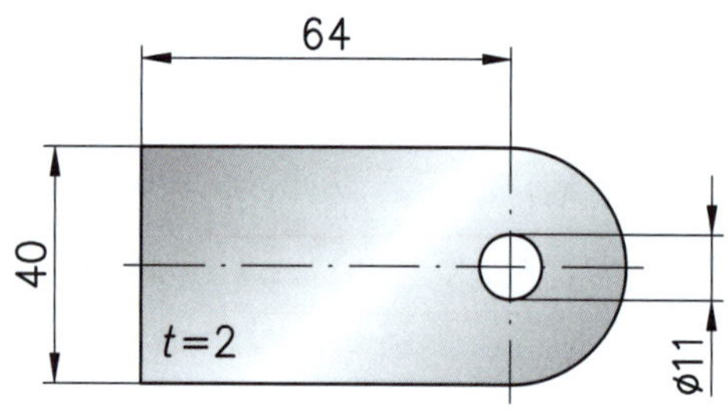

4. Aufgabe:

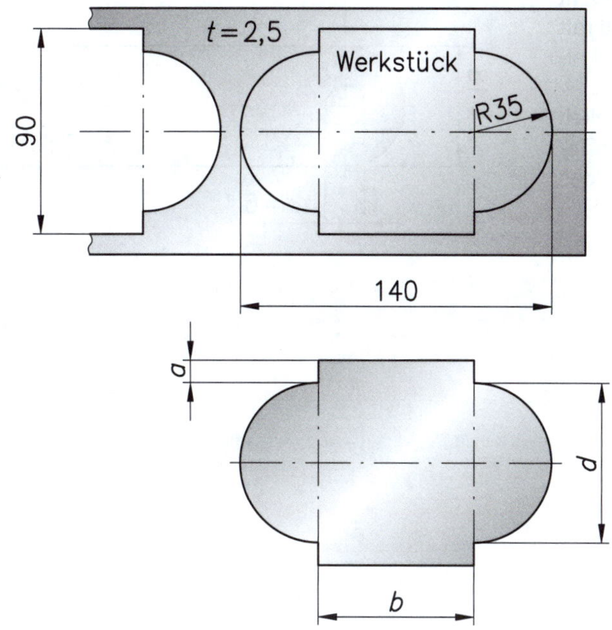

Aus einem kaltgewalzten Blechstreifen (Blech EN 10130-DC03-A-m) sollen Werkstücke ausgeschnitten werden.

a) Ermitteln Sie die Maße *a*, *b* sowie *d* und berechnen Sie die Schnittlänge *L* (in mm).

b) Entnehmen Sie aus dem Tabellenbuch die mittlere Zugfestigkeit $R_{m\ mittel}$ (in N/mm^2).

c) Welche Schnittkraft *F* (in kN) ist zum Ausschneiden erforderlich?

5. Aufgabe: Die skizzierte Blechlasche soll in einem Arbeitsgang ausgeschnitten und gelocht werden. Die dazu erforderliche Schnittkraft beträgt 43,1 kN. Das Blech besteht aus einer Cu-Zn-Knetlegierung.
Berechnen Sie die maximale Zugfestigkeit $R_{m\,max}$ und bestimmen Sie mithilfe des Tabellenbuchs die Normbezeichnung des Blechs.

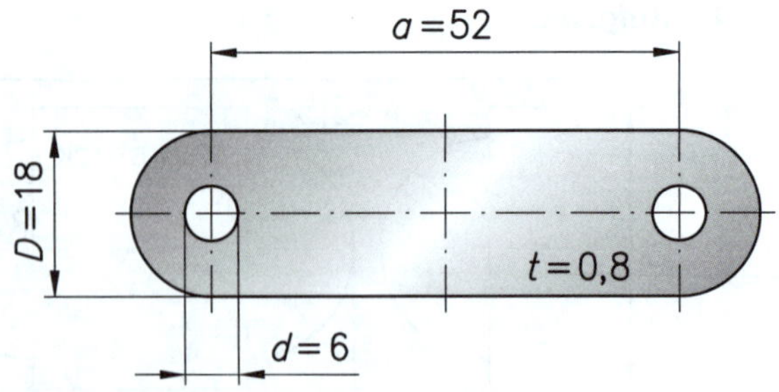

Konstruktionsmechanik	Datum:	Herstellen von Konstruktionen aus Blechbauteilen	Lernfeld 9
Name:	Klasse:	*Handgeführtes Trennschleifen von Blechen*	5

Für ungenaue gerade Schnitte kann der Winkelschleifer benutzt werden.
Er wird häufig auch auf der Baustelle eingesetzt.

Um Wärmespannungen und damit Blechverzug zu vermeiden, werden sehr dünne und flexible Trennscheiben verwendet.

Trennscheibe

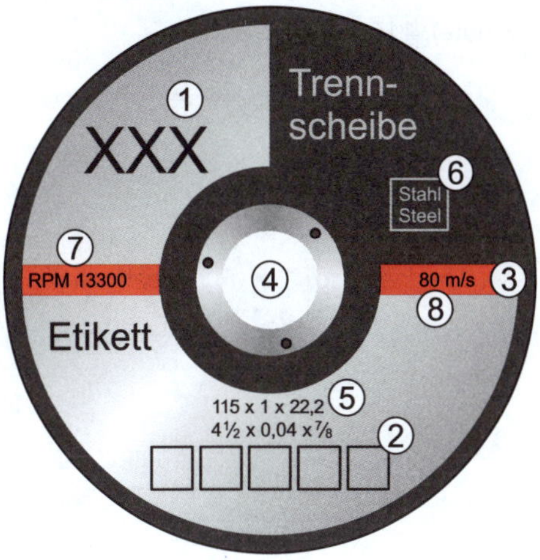

① ____________________

② ____________________

③ ____________________

④ ____________________

⑤ ____________________

⑥ ____________________

⑦ ____________________

⑧ ____________________

Befestigen der Scheiben

1. Trenn- und Schleifscheiben werden am Winkelschleifer mit einer besonderen Mutter befestigt.

   Bezeichnung: ____________________

2. Für das Anziehen oder Lösen der Mutter wird ein spezieller Schlüssel verwendet.

   Bezeichnung: ____________________

3. In welche Richtung wird die Mutter angezogen?

   Angezogen wird sie ____________________

Unfallverhütung

Nennen Sie Vorschriften und Maßnahmen, um Unfälle mit dem Winkelschleifer zu vermeiden.

–
–
–
–
–
–
–
–
–
–

–
–
–

Schutz für die Maschine: ______

Arbeitserleichterung beim Scheibenwechsel: ______

Nachlauf der Maschine nach dem Abschalten: Verkürzte Nachlaufzeit durch ______

Aufgabe:
Eine Trennscheibe hat auf dem Etikett folgende Angaben:
80 m/s, max. 13300 RPM (**r**evolutions **p**er **m**inute = Umdrehungen pro Minute), 115 x 1 x 22,2.
Überprüfen Sie durch Rechnung die angegebene Drehzahl.

Trennverfahren	Schneidbare Werkstoffe	Schneiddicke (mm)	Vor- und Nachteile
Autogenes Brennschneiden			
Plasmaschneiden			
Laserstrahlschneiden			
Wasserstrahlschneiden			

Aufgabe:
Eine 2 mm dicke Aluminium-Blechtafel (1 000 x 2 000 mm) soll mit dem Plasmaschneidgerät in Streifen geschnitten werden. Streifenmaße: $l = 1\,000 \pm 4$ mm, $b = 260$ mm, Schnittfugenbreite = 3 mm.

a) Entnehmen Sie die Einstelldaten für das Plasmaschneidgerät dem Tabellenbuch.
b) Welche Lage der Blechtafel (Quer- oder Längsformat) ist beim Schneiden der Streifen wirtschaftlich?
c) Wie lang (in Minuten) ist die reine Schneidzeit?
d) Berechnen Sie den Gasverbrauch für das gesamte Schneiden, wenn pro Minute 180 l Druckluft notwendig sind.

Lösung:

a) Einstelldaten: Luftdruck p_e = ______ bar

Stromstärke I = ______ A

Schneidgeschwindigkeit v_c = ________ mm/min

b) Längsformat:

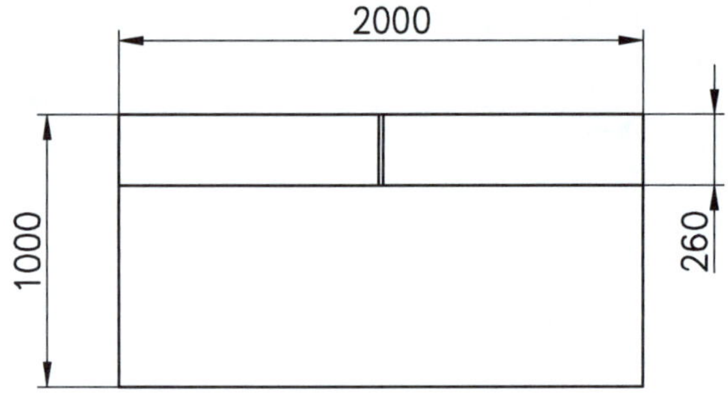

Querformat:

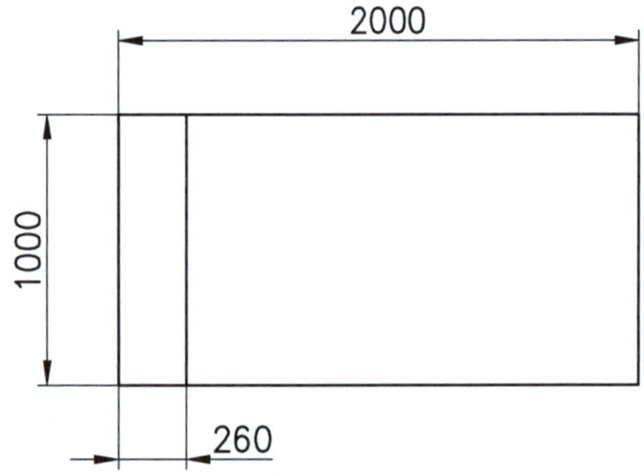

Am wirtschaftlichsten ist das Zerteilen im ____________________.

c) **Geg.:**

Ges.:

d)

Schwenkbiegemaschine

1.

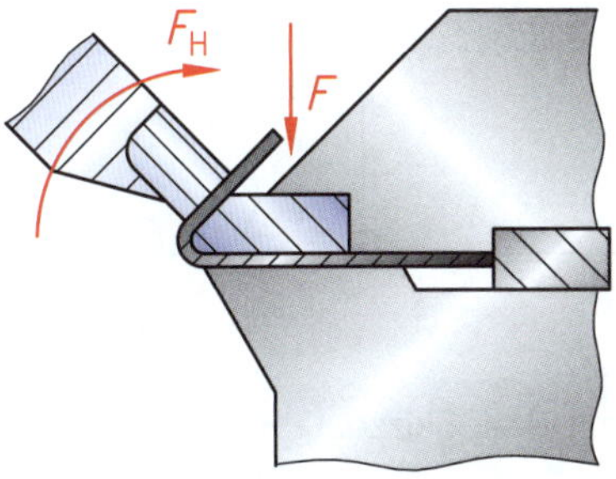

Blech zuführen und festspannen.

2. verstellbare Oberwange (Druckwange)

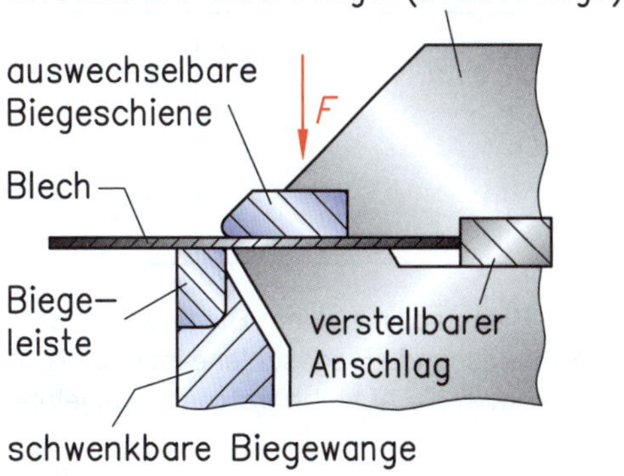

Schwenkbiegen (Abkanten) mit der Handkraft F_H oder dem Elektroantrieb.

Arbeitsregeln

1. Beim Schwenkbiegen darf der Mindestbiegeradius (siehe Tabellenbuch) nicht unterschritten werden. Er ist abhängig:

   –
   –
   –
   –
   –

2. Beim Schwenkbiegen federt das Blech zurück.

   Erkenntnis:

   Überlegen Sie. Harter Werkstoff → ______ Rückfederung
   Weicher Werkstoff → ______ Rückfederung
   Dicker Werkstoff → ______ Rückfederung
   Dünner Werkstoff → ______ Rückfederung

   Der Überbiegungswinkel wird durch Versuche festgestellt.

3. Auf dem Typenschild der Maschine ist die maximale Blechdicke angegeben.

   Folgen beim Überschreiten:

4. Wodurch kann der Biegeradius an der Maschine verändert werden?

5. Wie wird erreicht, dass bei großer Stückzahl der Biegewinkel immer gleich bleibt?

6. Welche Einrichtung erspart das Anreißen der Biegekanten?

7. Welche Einrichtung an der Schwenkbiegemaschine erlaubt das Fertigkanten des Blechs?

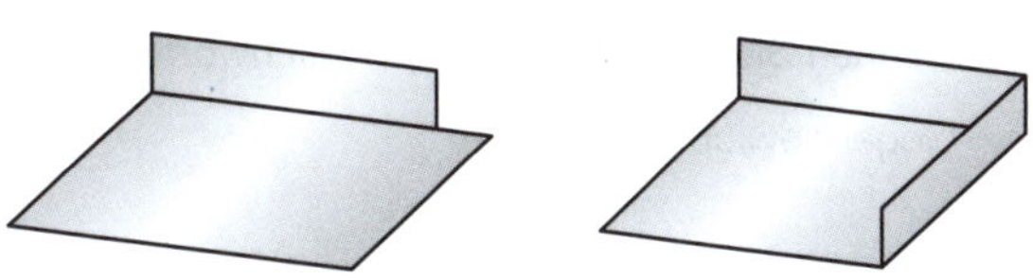

Aufgaben:

1. Skizzieren Sie verschiedene Formen von Biegeschienen und der gebogenen Bleche.

2. Ein Blech soll mit einem Biegeradius von 30 mm gebogen werden.
   Eine passende Biegeschiene ist nicht vorhanden.
   Wie kann die Aufgabe trotzdem ausgeführt werden? Erklären Sie dies mit einer Skizze.

3. Nennen Sie die Ursache für das fehlerhaft gebogene Blech.

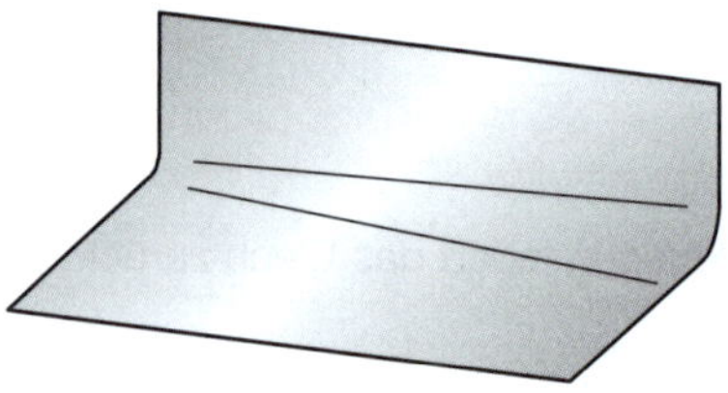

   Ursache:

4. Stahlblech wird gebogen. Nach der Arbeit stellt man fest, dass die Biegewange verformt ist.

   Ursache:

5. Eine Schwenkbiegung soll einen Biegeradius von 5 mm erhalten. Nach der Herstellung beträgt der Radius jedoch 7 mm.

   Ursache:

6. Während des Schwenkbiegens hat sich das Blech verschoben.

   Ursache:

Unfallverhütung

Nennen Sie mithilfe der beiden Stichwörter Regeln zur Verhütung von Unfällen.

Gegengewicht –

Finger –

Nach der Arbeitstemperatur beim Runden unterscheidet man:

Kaltrunden	Warmrunden
Werkstoff:	Werkstoff:
Antrieb:	Antrieb:

A. Dreiwalzen-Rundmaschine

Aufbau:

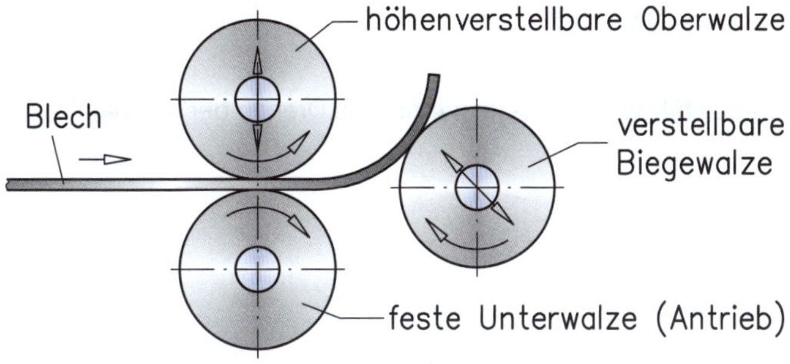

Arbeitsweise:

Ober- und Unterwalze führen das Blech der Biegewalze zu. Diese werden deshalb auch ____________-Walzen genannt.
Die Oberwalze hat eine durchgehende Längsnut.

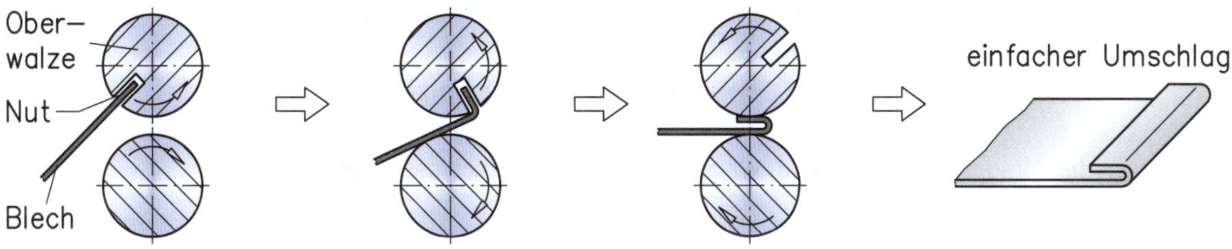

Aufgabe der Nut: ____________

Die Walzen haben seitlich verschieden große Rillen.

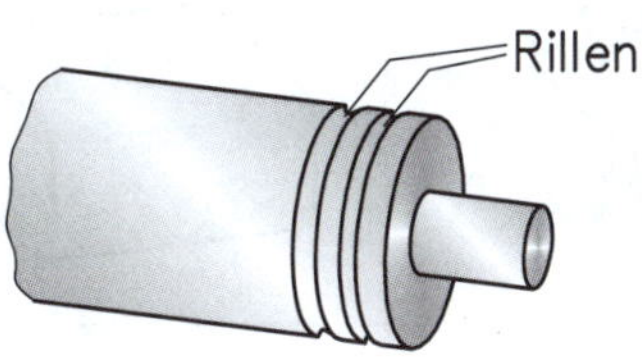

Aufgabe der Rillen: ____________

In mehreren Durchgängen wird die Biegewalze in Richtung der Zuführwalzen verstellt.

Ergebnis: ____________

Die Oberwalze der Rundmaschine ist ausschwenkbar. Begründen Sie dies.

____

Welche Rohrform kann mit einer neigbaren Biegewalze hergestellt werden? ____________

Beim Runden soll das Blech bereits am Anfang angebogen sein. Durch welche Maßnahmen wird dies erreicht?

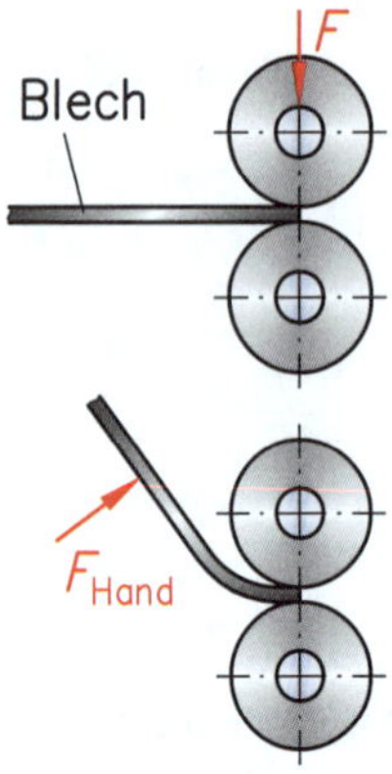

und dann

Das Blech ist zwischen den Zuführwalzen eingespannt. Das Drehen der Handkurbel ist nur mit sehr großem Kraftaufwand möglich.

Ursache:

B. Vierwalzen-Rundmaschine

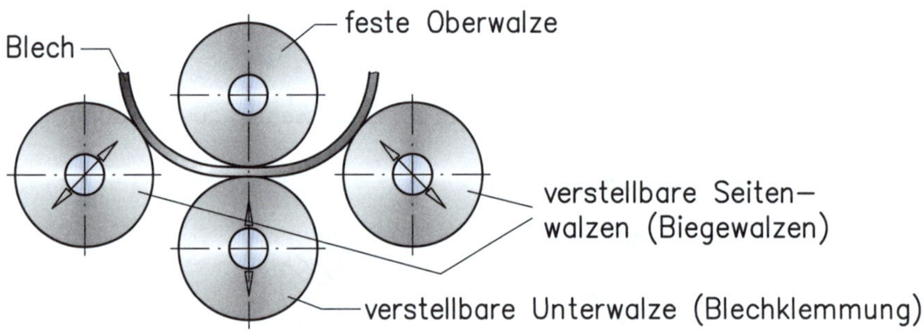

Die Trennfugen der Fertigprodukte nach dem Walzen müssen noch geschlossen werden.

Schließen durch .

Fertigprodukte beim Walzrunden sind:

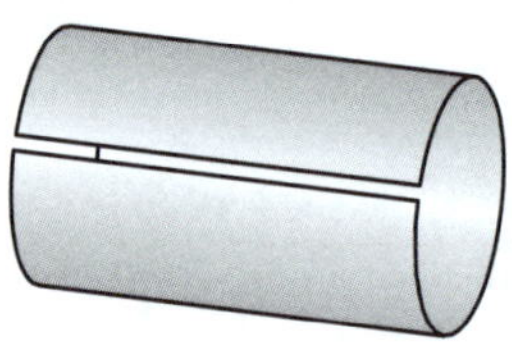	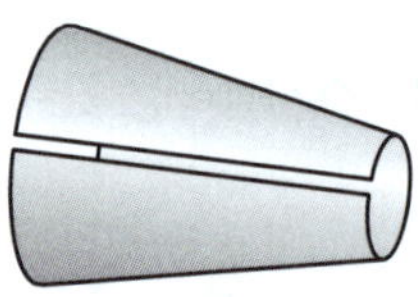		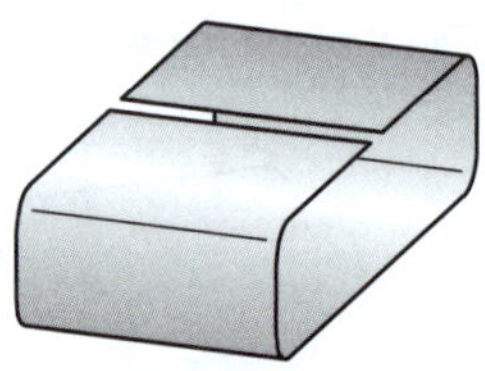
Zylindrisches Blechrohr	Kegeliges Blechrohr	Spiralförmiger Blechstreifen	Gerundeter Blechmantel
Anwendungsbeispiele			

Fehler beim Walzrunden

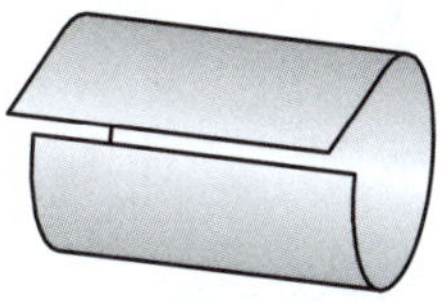	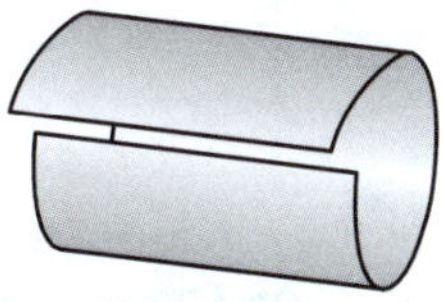	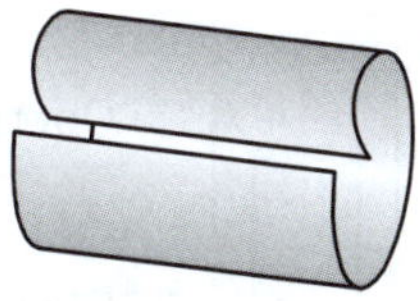	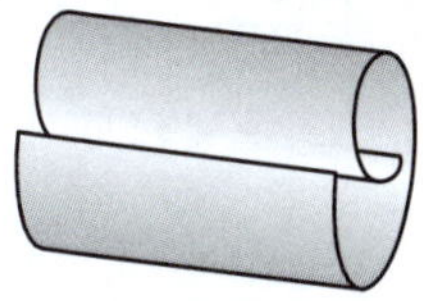

Unfallverhütung

Gefährdet sind beim Runden vor allem die Hände. Nennen Sie Vorschriften, um Verletzungen zu verhindern.

–

–

–

Gesenkbiegen

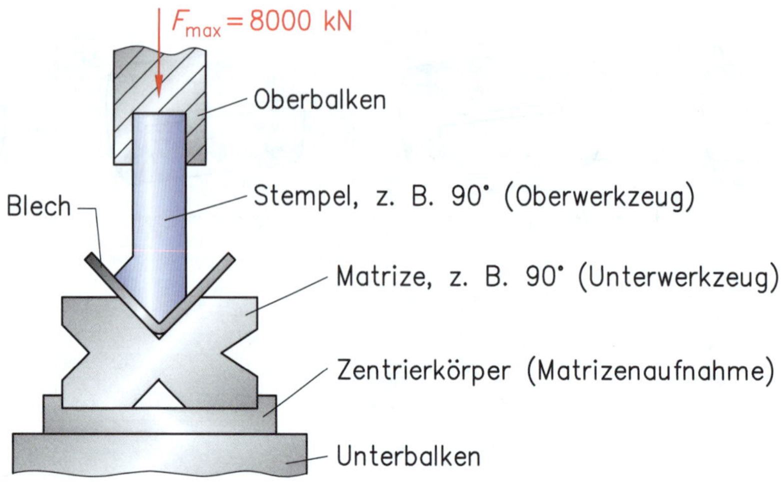

Rollbiegen

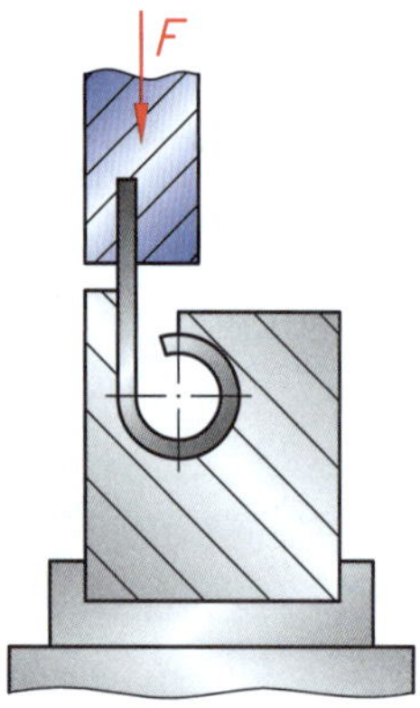

Freibiegen

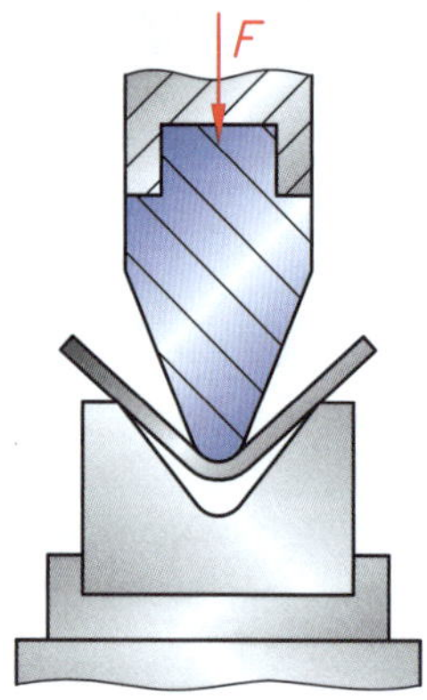

Dreipunktbiegen

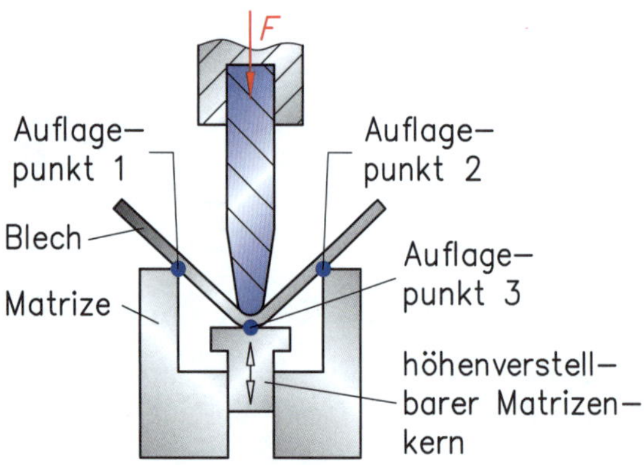

Gesenksickenbiegen

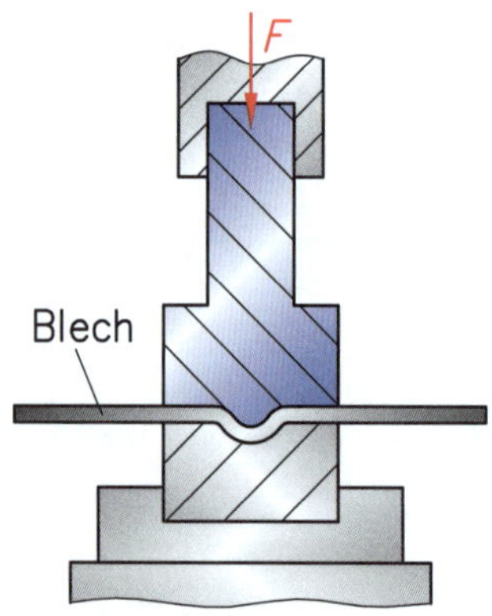

Stempel und Matrize (Ober- und Unterwerkzeug) können bei den Pressen ausgewechselt werden. Beim Gesenkbiegen kann die Matrize um jeweils 90° gedreht werden.
Es können Bleche bis zu 30 mm Dicke und bis zu 16 m Länge bearbeitet werden.

Beim Biegen federt das Blech zurück. Wie muss der Biegewinkel der Werkzeuge (Stempel und Matrize) ausgeführt werden?

	größer als der	
Biegewinkel ist	gleich dem	Winkel am Fertigprodukt.
	kleiner als der	

Sicherheitseinrichtungen

– ______________________________

– ______________________________

Konstruktionsmechanik	Datum:	Herstellen von Konstruktionen aus Blechbauteilen	Lernfeld 9
Name:	Klasse:	*Walzsicken von Blechen*	10

Sicken sind rillenförmige Vertiefungen in Blechen. Sie können geradlinig oder bogenförmig sein.

Vorteil der Sicke: ____.

Daneben haben Sicken aber auch noch andere Aufgaben zu erfüllen:

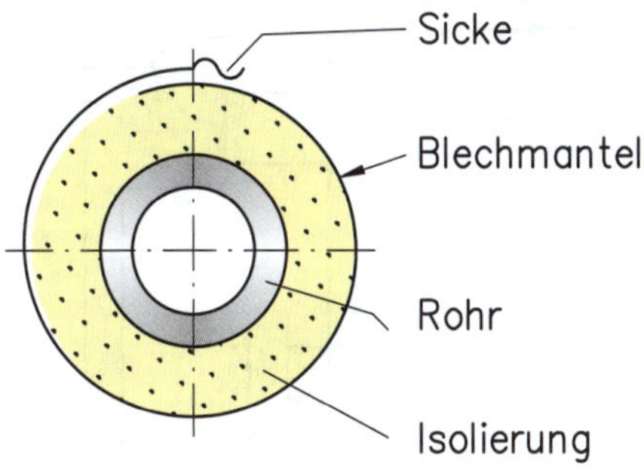

Anliege-Sicke

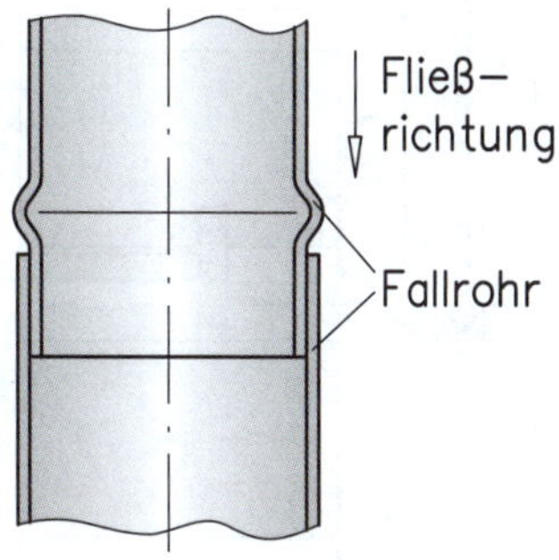

Anschlag-Sicke

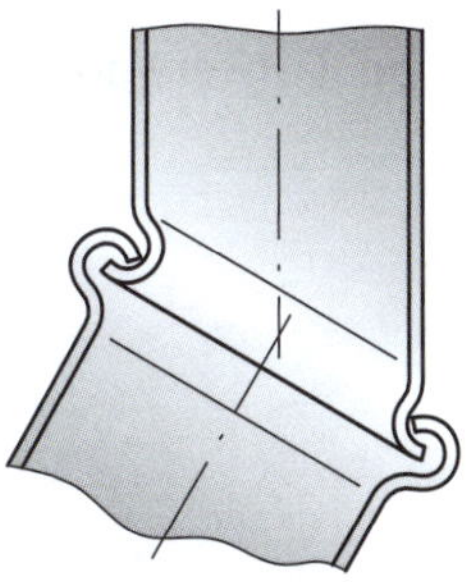

Verbindungs-Sicke

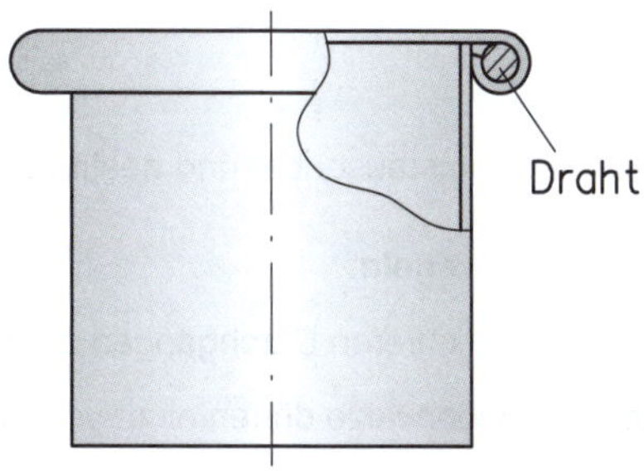

Drahteinlage-Sicke

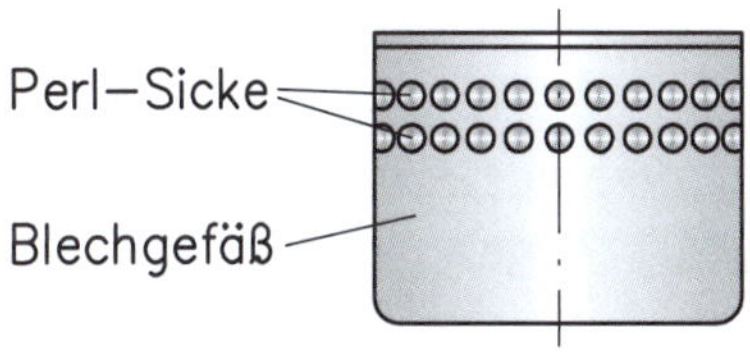

Verzierungs-Sicke

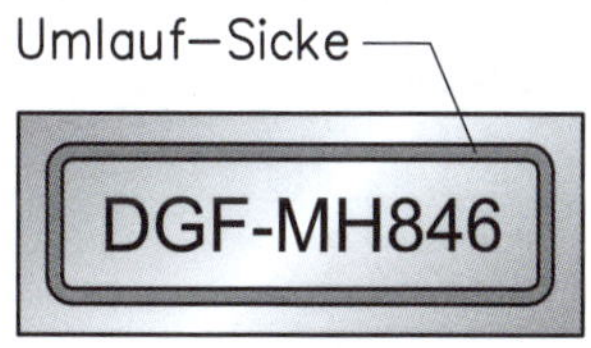

Versteifungs-Sicke

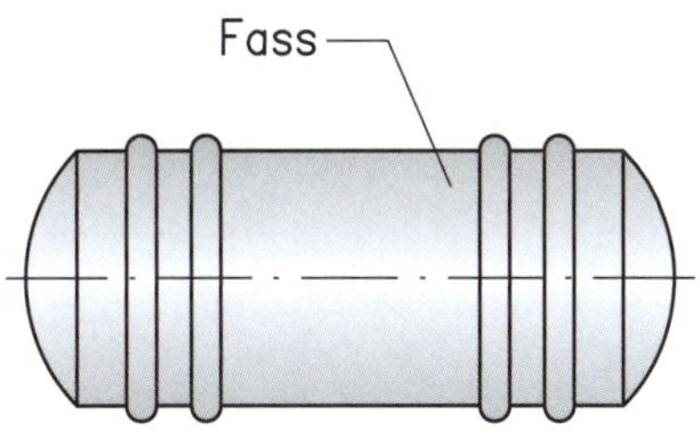

Lauf- oder Roll-Sicke

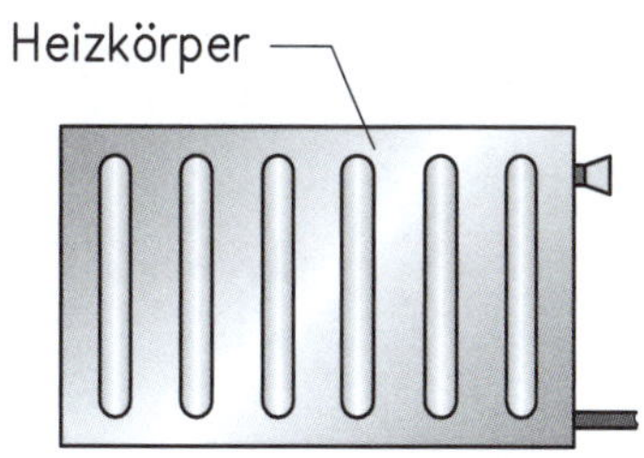

Vergrößerungs-Sicke

Halbrund-Sicke

Kasten-Sicke

Trapez-Sicke

Dreieck-Sicke

Wellen-Sicke

Form-Sicke

Kontur-Sicken

Walzsickenmaschine

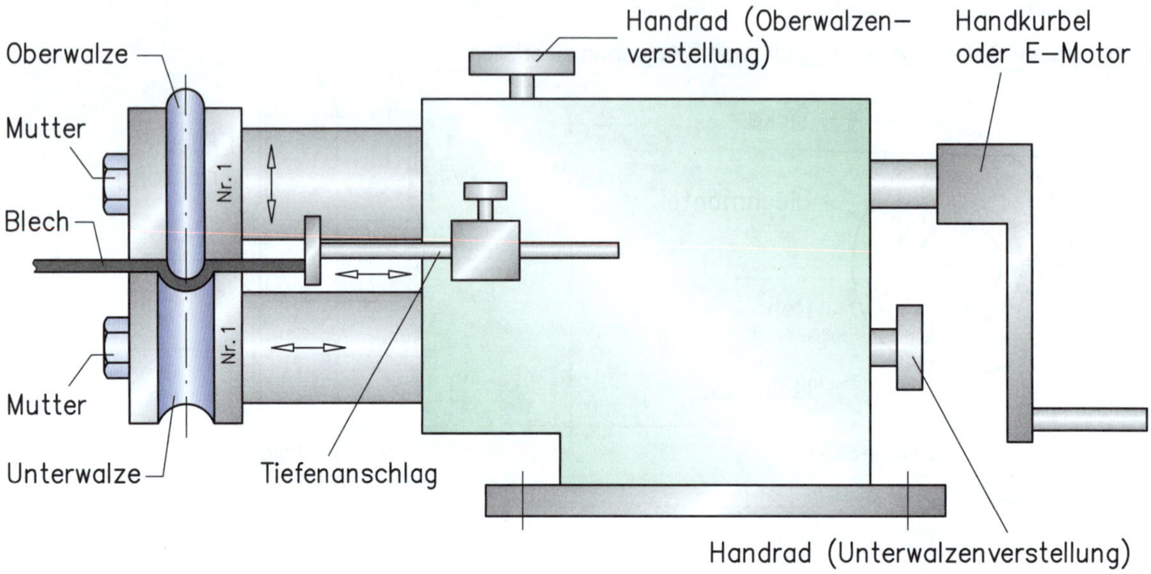

Die Walzen sind austauschbar und bestimmen die Form der Sicke.

Wichtige **Arbeitsregeln**

- Die Sicke in mehreren Durchgängen auf Endtiefe bringen.
- Unter- und Oberwalze dürfen nicht versetzt sein.
- Das Blech immer am Anschlag führen.
- Den Tiefenanschlag sicher befestigen.
- Die Befestigungsmuttern der Walzen fest anziehen.
- Nie gefalzte Nähte sicken!

  Begründung: ______________________

Konstruktionsmechanik	Datum:	Herstellen von Konstruktionen aus Blechbauteilen	Lernfeld 9
Name:	Klasse:	*Wulsten von Blechen*	11

Wulste sind Randversteifungen an Blechrändern.

Wulstmaschine

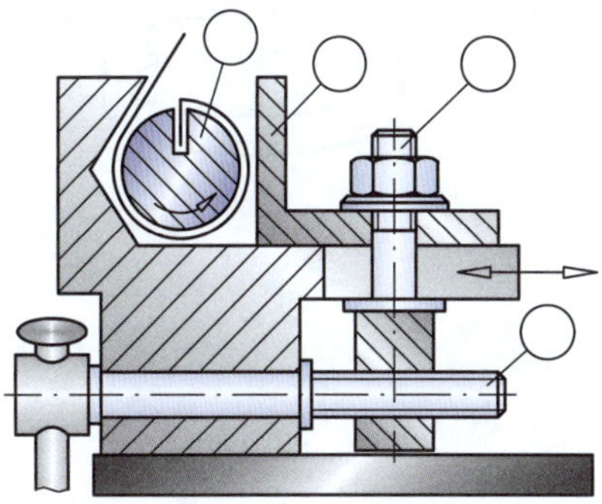

Tragen Sie die entsprechenden Ziffern ein.

① Einstellschraube

② verstellbare Winkelschiene

③ Spannschraube

④ drehbarer Wulststab

Übliche Wulstmaschinen können Bleche bis 2 m Länge verarbeiten. Der Wulstdurchmesser beträgt 12 bis 35 mm.

Arbeitsvorgang

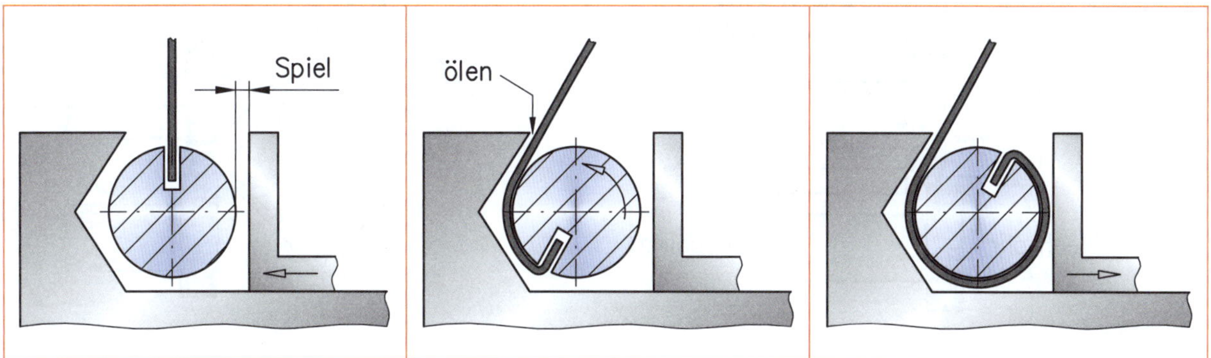

Blech in die Nut des Wulststabs einführen, Winkelschiene mit kleinem Spiel einstellen und festklemmen.	Drehen des Wulststabs, zur Reibungsminderung Öl zugeben.	Fertigen des 3/4-Wulsts, Klemmen lösen, Blech in Längsrichtung abziehen.

Beachte:
- Wegen der Rückfederung des Wulsts muss der Wulststabdurchmesser um 2 bis 3 mm kleiner gewählt werden als der fertige Wulst.
- Linke und rechte Kurbel des Wulststabs gleichzeitig betätigen.

Bördeln

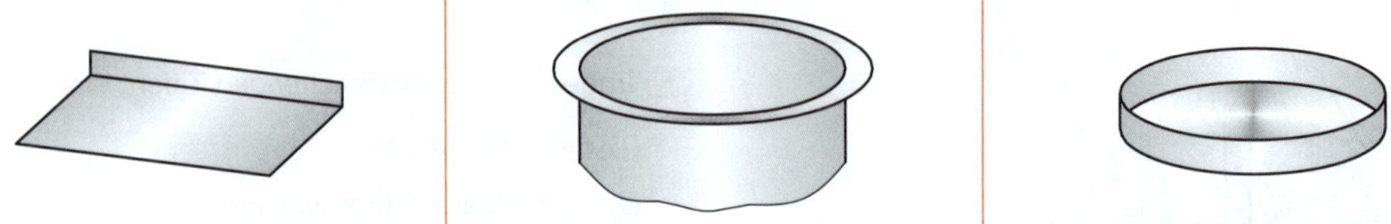

____________ oder ____________	____________	____________

Schweifen von Blechrohren

Zum Schweifen verwendet man die Sickenmaschine.

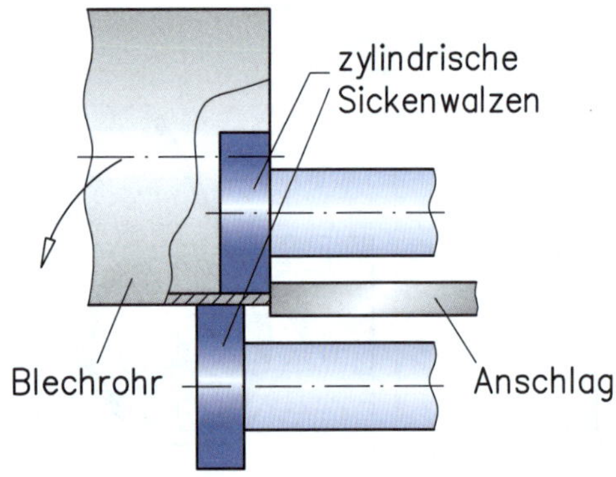

Blechrohr bis zum Anschlag einführen, Walzen auf Druck einstellen.

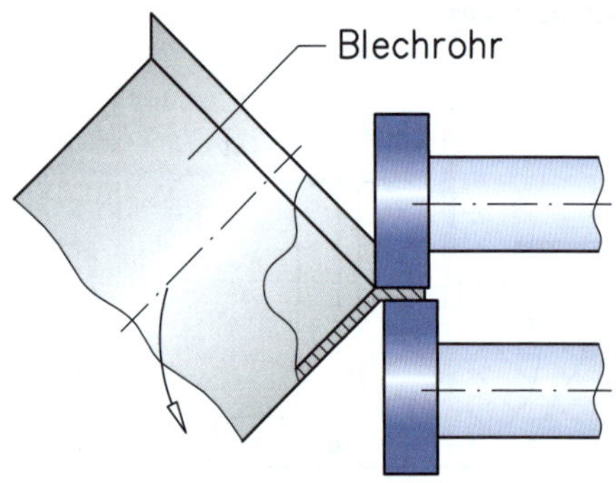

Blechrohr in mehreren Durchgängen nach unten drücken.

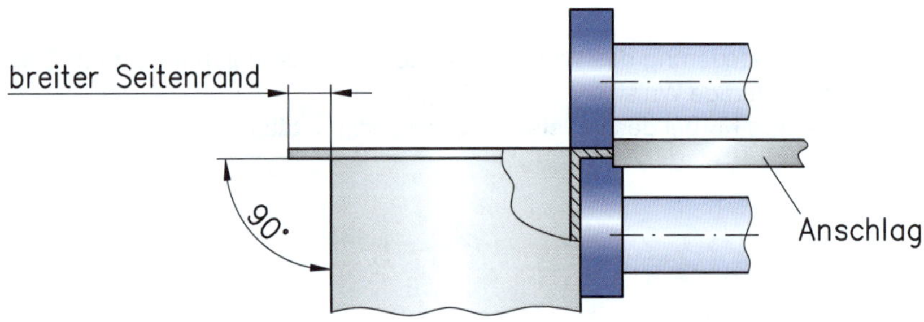

Fertig geschweiftes Blechrohr

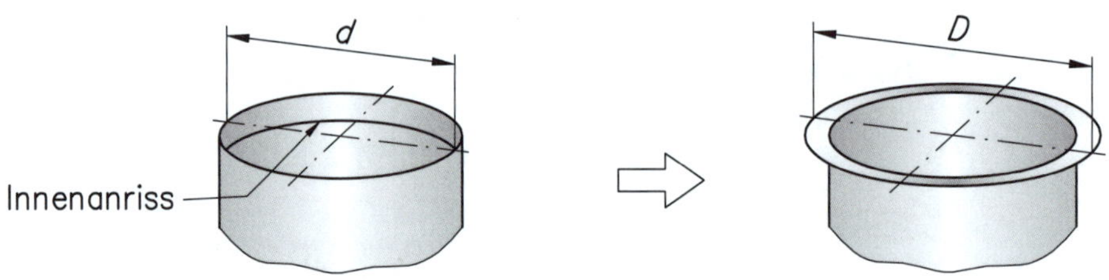

Merke: Beim Schweifen wird der Werkstoff ____________.

Einziehen von Blechrohren

Zum Einziehen verwendet man auch hier die Sickenmaschine.

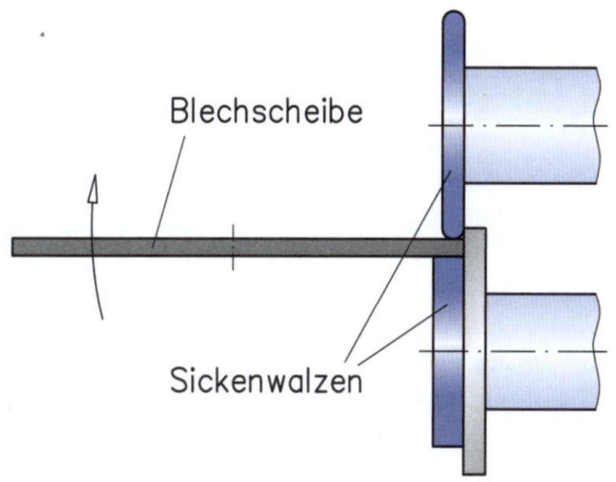

Blechscheibe bis zum Anschlag einführen, Walzen auf Druck einstellen.

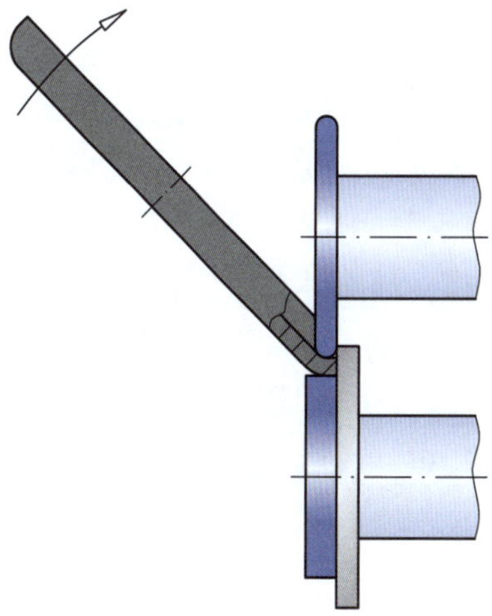

Blechscheibe in mehreren Durchgängen nach oben drücken.

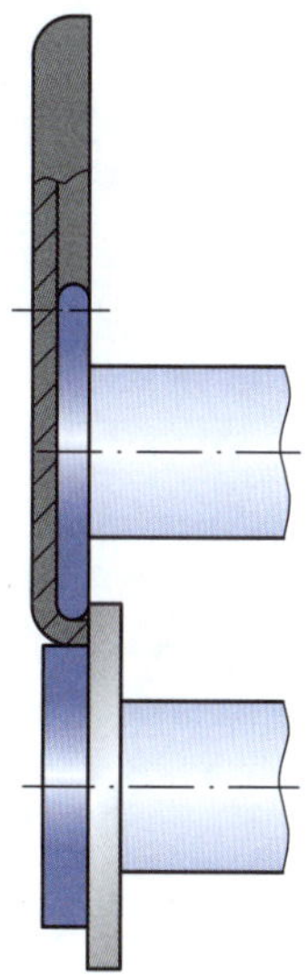

Fertig eingezogene Blechscheibe

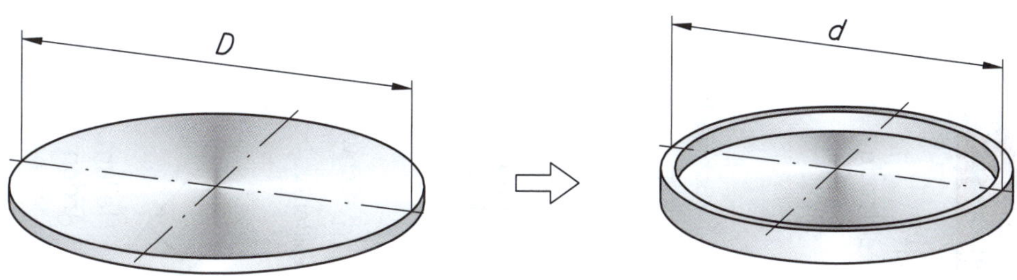

Merke: Beim Einziehen wird der Werkstoff ______________________.

Fügeverfahren	Schweißbare Werkstoffe	Blechdicke	Vor- und Nachteile
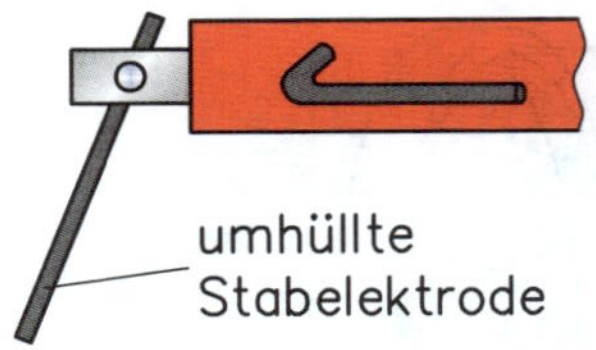 __________ -Schweißen		ab ______ mm	
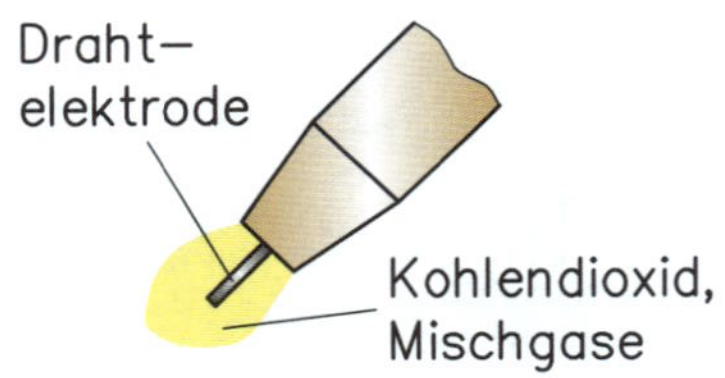 __________ -Schweißen (________ -Schweißen)		ab ______ mm	
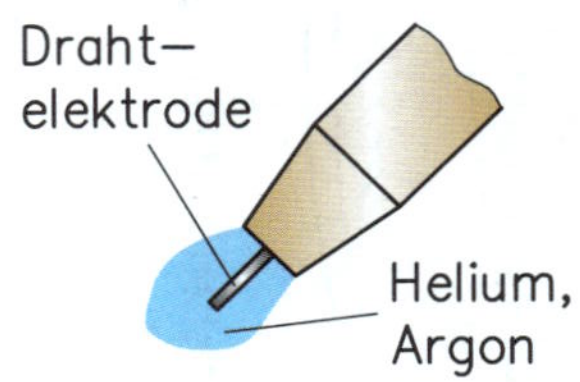 __________ -Schweißen (________ -Schweißen)		ab ______ mm	

Fügeverfahren	Schweißbare Werkstoffe	Blechdicke	Vor- und Nachteile
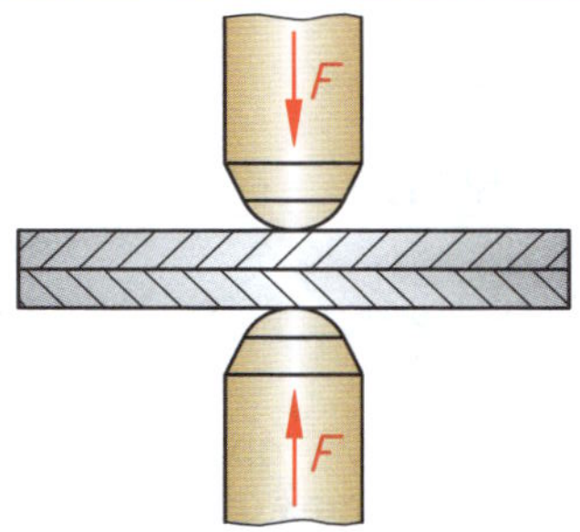 ______-Schweißen		bis ______ mm	
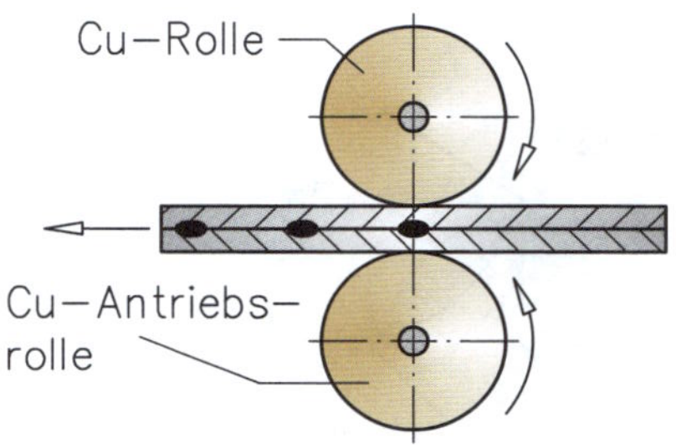 ______-Schweißen		______ bis ______ mm	
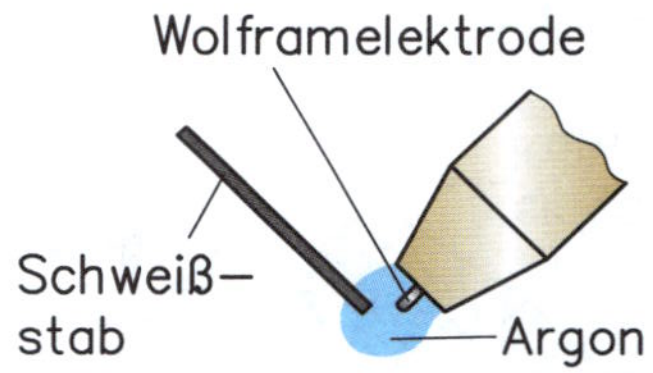 ______-Schweißen (______-Schweißen)		ab ______ mm	

Fügeverfahren	Schweißbare Werkstoffe	Blechdicke	Vor- und Nachteile
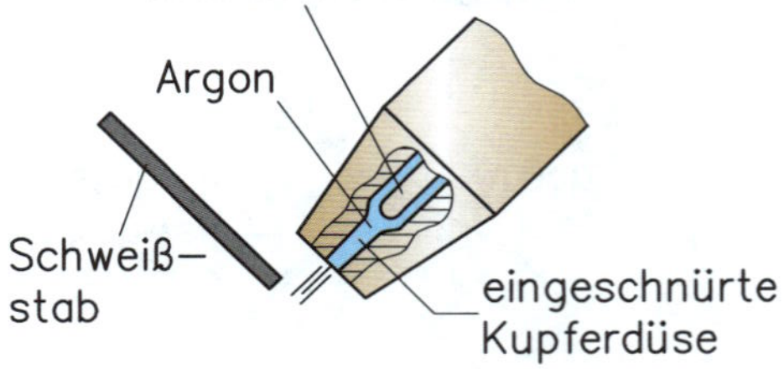		ab ____ mm	
____ -Schweißen (____ -Schweißen)			
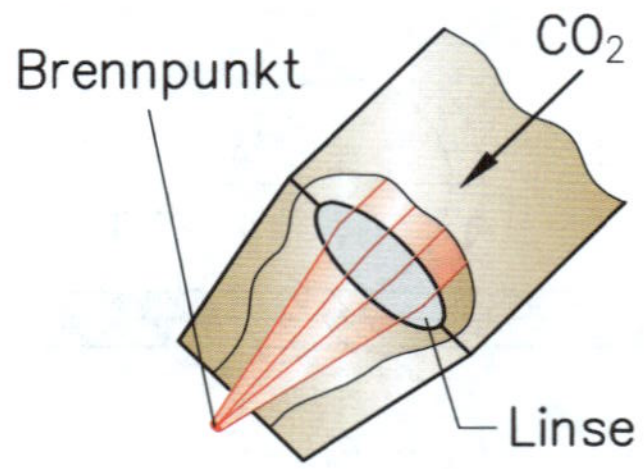		bis ____ mm	
____ -Schweißen			
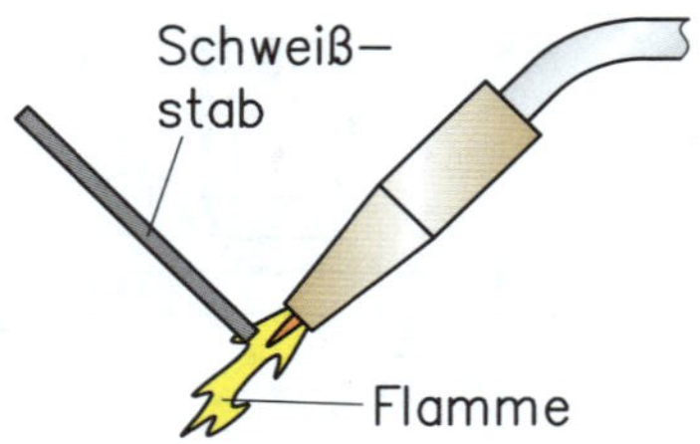		Nachlinksschweißen ab ____ bis ____ mm, Nachrechtsschweißen ab ____ mm	
____ -Schweißen			

Merke:
1. Gut schweißbar sind Stahlbleche mit einem C-Gehalt bis höchstens 0,2 %.
2. Hängen Bleche am Kranhaken und sollen geschweißt werden, müssen sie vom Kranhaken isoliert werden (z. B. durch Seile aus Kunstfaser).

Vor- und Nachteile beim Schweißen

Vorteile: Keine Schwächung der Bleche durch Schraub- oder Nietlöcher.
Keine Überlappung der Bleche wegen Schrauben oder Nieten.
Dichte Verbindung.

Nachteile: Wärmeverzug der Bleche.
Gefügeveränderung durch die Wärme.

Unfallverhütung

Formulieren Sie zu den Stichwörtern Empfehlungen zur Vermeidung von Unfällen.

- (Schädigung der Haut) ______
- (Mitarbeiter) ______
- (Schutz der Augen) ______
- (Entfernen der Schlacke) ______
- (Abgase) ______
- (Kleidung beim Schweißen) ______
- (Flaschentransport) ______
- (Öl und Fett) ______
- (Aceton) ______

Beim Zugdruckumformen wird das ausgeschnittene Blech zu einem Hohlkörper umgeformt.

Tiefziehen

A. Einlegen des Blechs in das Werkzeug

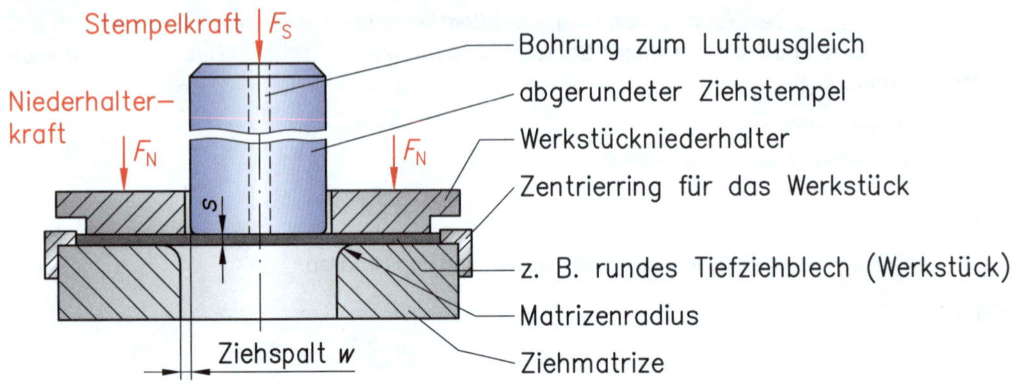

Beim Tiefziehen wird die Reibung durch ausreichende ______________________ vermindert.

B. Tiefziehen zum Hohlkörper

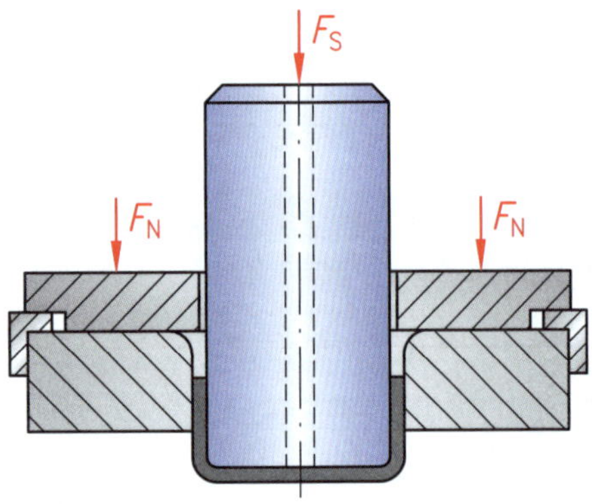

Blechdicke nach dem Tiefziehen:

______________________________.

Kleine Hohlkörperhöhe ⟶ ein Zug = Fertigzug

Große Hohlkörperhöhe ⟶ mehrere Züge

Tiefziehbleche

Tiefziehbleche müssen kalt gut umformbar sein. Kaltgewalzte Bleche aus weichen Stählen erfüllen diese Anforderung.

Erklären Sie mithilfe des Tabellenbuchs die folgende Normangabe:

Blech EN 10130 – DC06 – B – b

DC06: ______________________________

____

B: ______________________________

b: ______________________________

Geben Sie noch weitere Metalle für Tiefziehbleche an.

____

Ziehspalt *w*

Ziehspalt kleiner als / gleich der / größer als Blechdicke

$$w = s + k \cdot \sqrt{10 \cdot s}$$

Die Größe des Ziehspalts ist vom Blechwerkstoff abhängig und wird durch den *k*-Wert berücksichtigt.

Stahlblech	NE-Metall	Al-Legierung
0,07	0,04	0,02

Durchmesser *D* des Blechzuschnitts

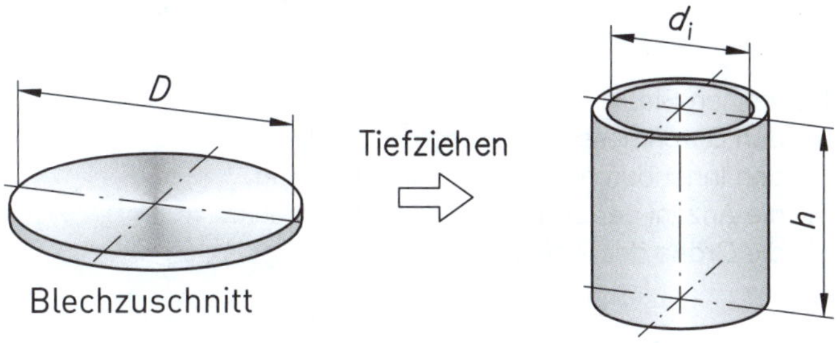

$$D = \sqrt{d_i^2 + 4 \cdot d_i \cdot h}$$

(Hohlkörper ohne Rand)

Ziehverhältnis β

Das Ziehverhältnis β ist ein Maß für die Formänderung des Tiefziehblechs.

Erster Zug	Zweiter Zug	Dritter Zug
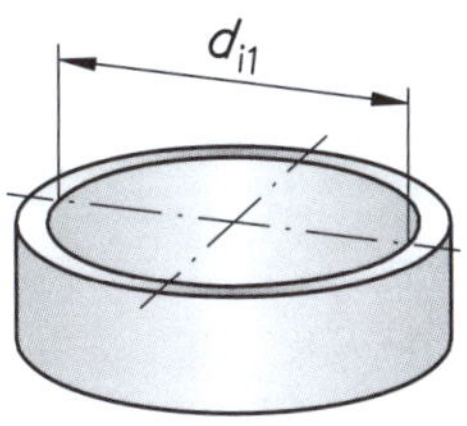	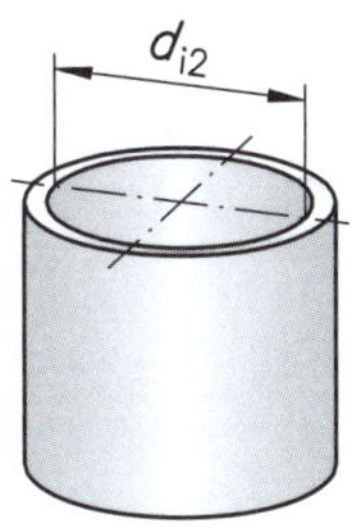	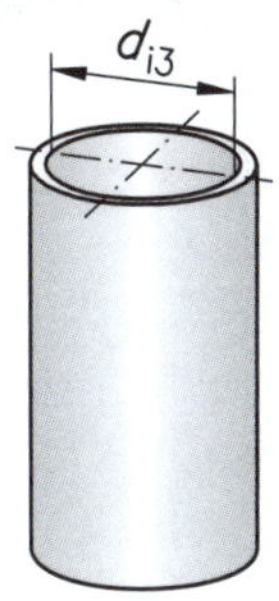
$\beta_1 = \frac{D}{d_{i1}}$	$\beta_2 = \frac{d_{i1}}{d_{i2}}$	$\beta_3 = \frac{d_{i2}}{d_{i3}}$

Werkstoff des Hohlkörpers	β_1	β_2
DC04	2,0	1,3
Al 99,5	2,1	1,6
Cu Zn 30	2,1	1,3

Fehler beim Tiefziehen (Auswahl)

Fehler		Ursache(n)
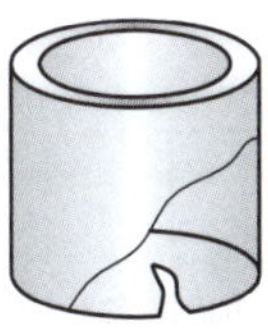	Eingerissener Boden	
	Ausbauchung an der Wandung	
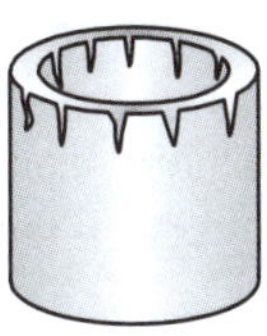	Falten am Rand	

Aufgabe: Der skizzierte randlose Behälter aus DC 04 (EN 10130) soll durch Tiefziehen hergestellt werden. Die Blechdicke beträgt 1,5 mm.

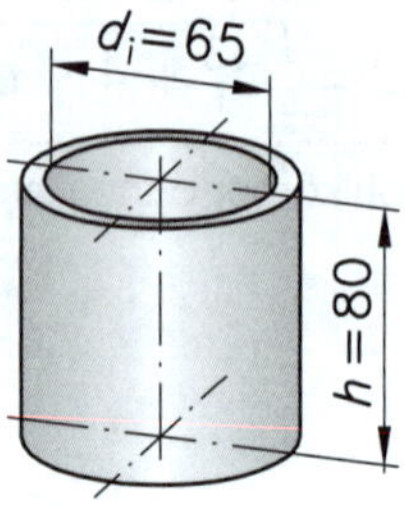

Berechnen Sie:
a) den Durchmesser des Blechzuschnitts,
b) den Innendurchmesser nach dem 1. Zug,
c) die Anzahl der Züge bis zum Fertigprodukt,
d) die Größe des Ziehspalts.

Geg.:

Ges.:

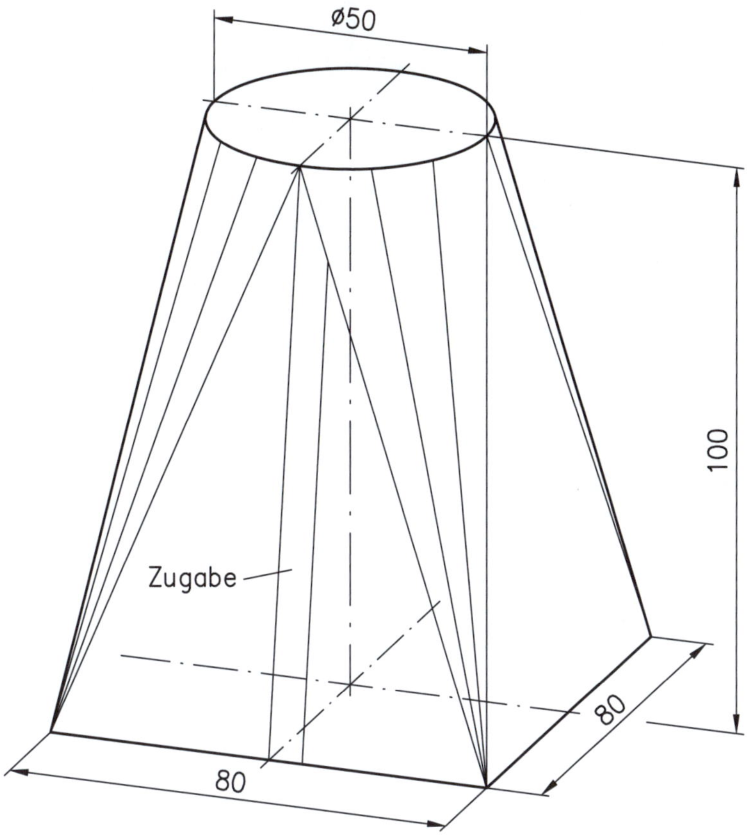

Werkstoff:
Blech DIN EN 10130 –
DC 04 – B – g
Blechdicke: 0,4 mm

Die Skizze zeigt das Übergangsstück von einem Kanal mit quadratischem Querschnitt (□ 80) zu einem Rohr mit kreisrundem Querschnitt (∅ 50).
Die Höhe beträgt 100 mm. Eine 5 mm breite Zugabe dient als Überlappung und wird nach dem Formen weich gelötet.

Aufgabe:

a) Vervollständigen Sie auf dem nächsten Blatt die Vorderansicht und die Draufsicht (M 1:1).

b) Konstruieren Sie neben der Vorderansicht die wahren Längen der Mantellinien.

c) Zeichnen Sie den Mantel (M 1:1).

d) Übertragen Sie den Mantel auf das Blech und stellen Sie eine Schablone her.

e) Führen Sie die Kantungen auf der Schwenkbiegemaschine oder im Schraubstock durch. Vorher Versuchskantungen herstellen.

f) Verbinden Sie Anfang und Ende des Mantels durch Weichlöten.

g) Richten Sie das runde Übergangsstück, z. B. auf der Rohrstange aus.

h) Kontrollieren Sie alle Maße zur Qualitätssicherung.

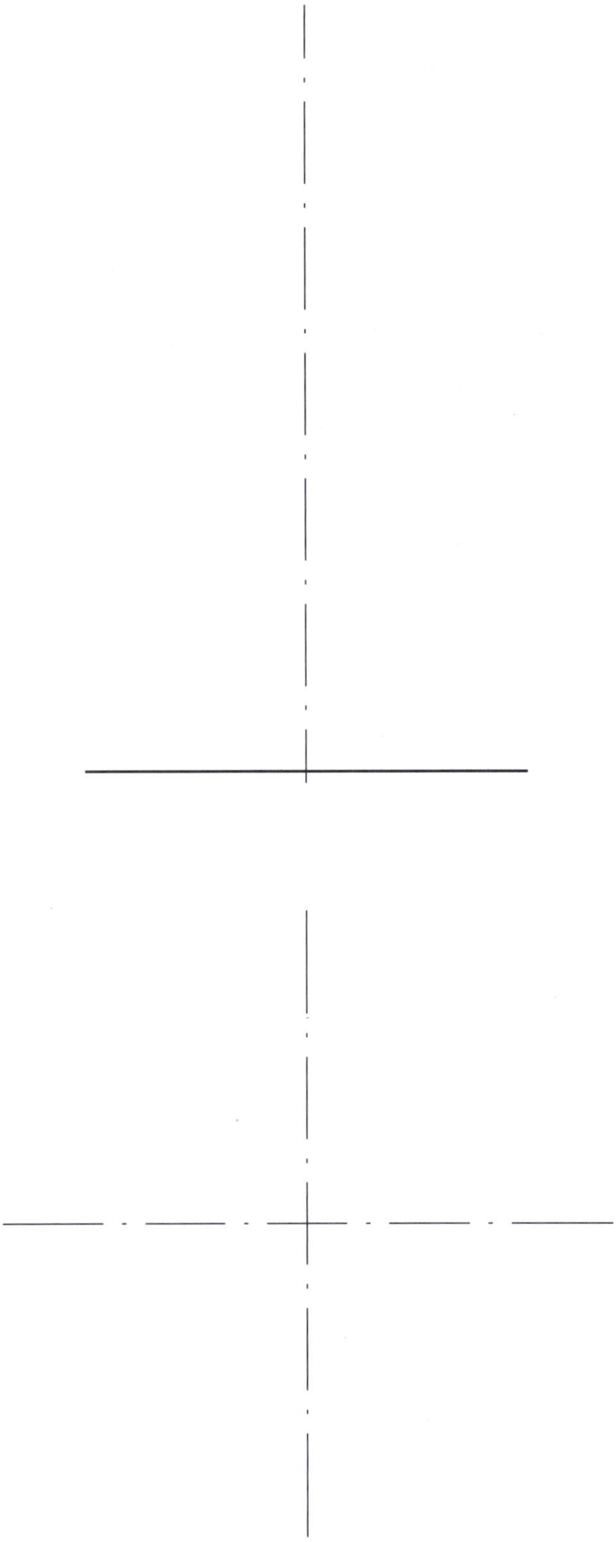

Verantwortl. Abtl.	Techn. Referenz	Erstellt durch		Genehmigt von		
Gerätebau AG		Dokumentenart		Dokumentenstatus		
		Titel, Zusätzlicher Titel Übergangsstück		Werkstoff		
				Änd.	Ausgabedat.	Spr.	Blatt

Konstruktionsmechanik	Datum:	**Herstellen von Konstruktionen aus Blechbauteilen**	Lernfeld 9
Name:	Klasse:	*Übergangsstück (Abwicklung, Zuschnitt, Schablone)*	**15**

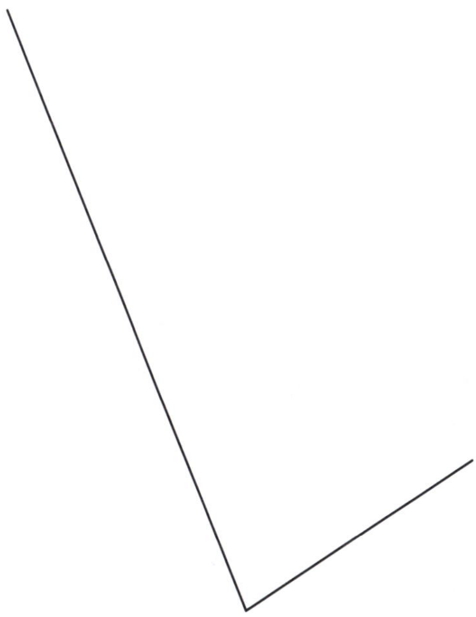

Verantwortl. Abtl.	Techn. Referenz	Erstellt durch	Genehmigt von	
Gerätebau AG		Dokumentenart	Dokumentenstatus	
		Titel, Zusätzlicher Titel Übergangsstück	Werkstoff	
			Änd. / Ausgabedat. / Spr. / Blatt	

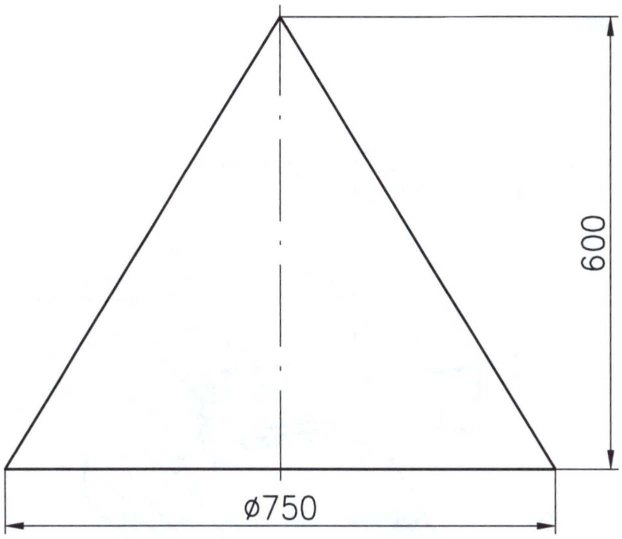

Der kleine Turm einer Andenkensäule bekommt ein Kegeldach aus Kupferblech.
Die Abwicklung des Kegels ist ein Kreisausschnitt.

Berechnen Sie:

a) die Mantelhöhe h_s,
b) den Umfang des Mantels U oder die Bogenlänge l_B und
c) den Mittelpunktwinkel α.

Geg.:

Ges.:

Konstruktionsmechanik	Datum:	Herstellen von Konstruktionen aus Blechbauteilen	Lernfeld 9
Name:	Klasse:	*Auflager*	17

Auflager nehmen das Trägergewicht und die Trägerbelastung auf.

A. Auflagerarten

Ordnen Sie zu:
Versteifung, U-Stahl, Ankerbohrungen, Trägerauflageplatten.

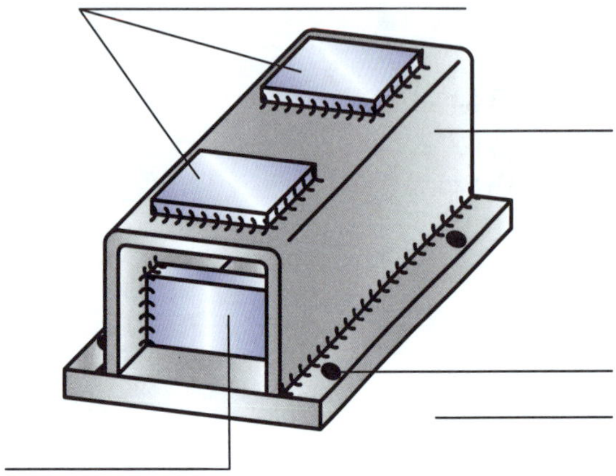

Festauflager

Ordnen Sie zu:
Führungsplatte, I-Träger, Gleitsattel, Druckplatte (Knagge).

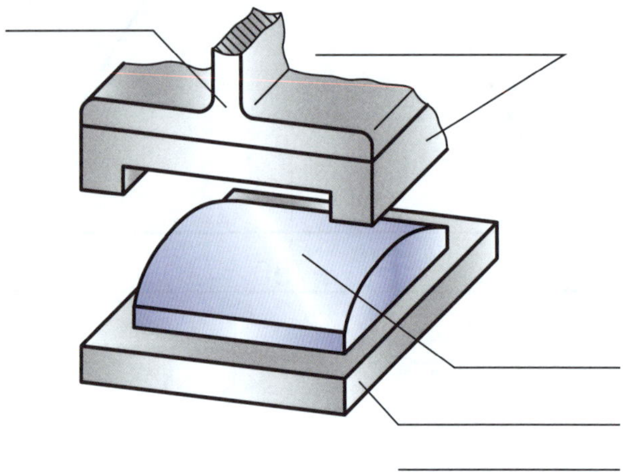

Gleitauflager (Loslager)

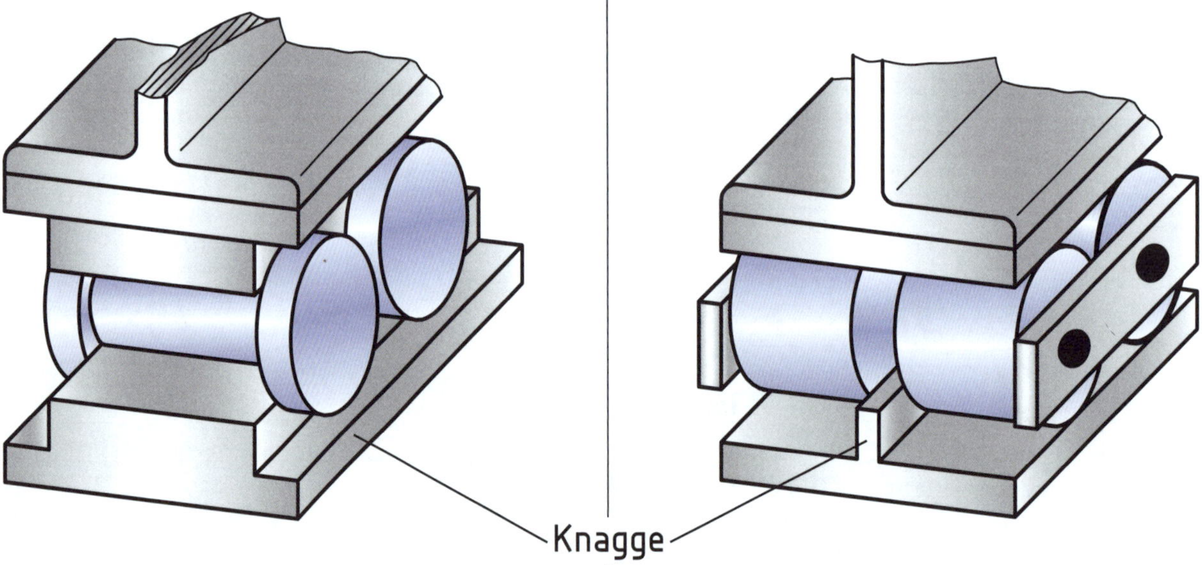

Rollenauflager (Loslager) mit Führungsbund

Rollenauflager (Loslager) mit Führungsnut und Rollenabstandshalter

Symbole für Lagerstellen

Festlager

Loslager

Gleitlager

Rollenlager

B. Gestaltung der Auflager

Damit das Auflager die Druckbeanspruchung aufnehmen kann, muss es eine genügend große Fläche besitzen.

Ordnen Sie zu:
leichter Vollwandträger, Auflager,
10 bis 20 mm Zementmörtel,
Raum für Trägerausdehnung.

Ordnen Sie zu:
schwerer Vollwandträger,
T-Stahl als Auflager.

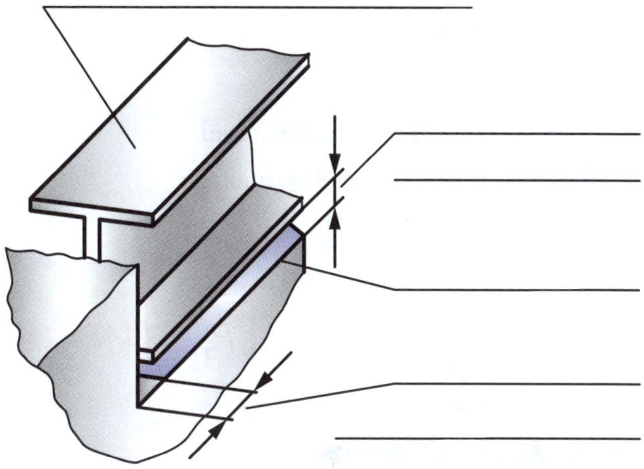

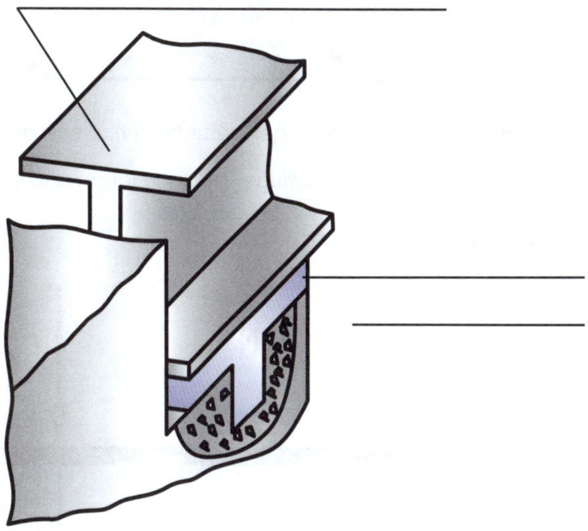

C. Trägerverankerung im Mauerwerk

Die Trägerverankerung sichert den Stahlträger gegen Kippen.

Waagrechte Verankerung

Ordnen Sie zu:
verschraubte Ankerplatte, Doppelsplintverankerung, Maueranker.

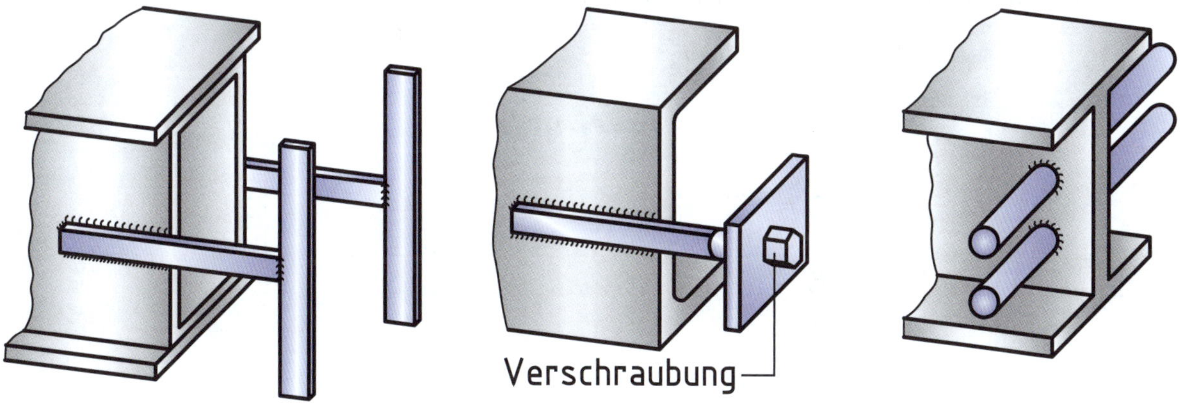

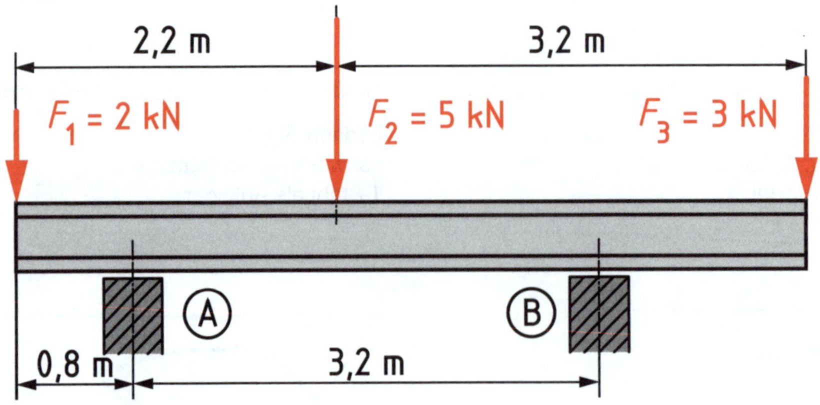

Berechnen Sie die Auflagerkräfte (in kN), wenn die Eigengewichtskraft nicht berücksichtigt wird.

Träger, die über ihre Auflager hinausreichen und auch dort belastet werden, heißen Kragarmträger.

Auflagerkraft bei A

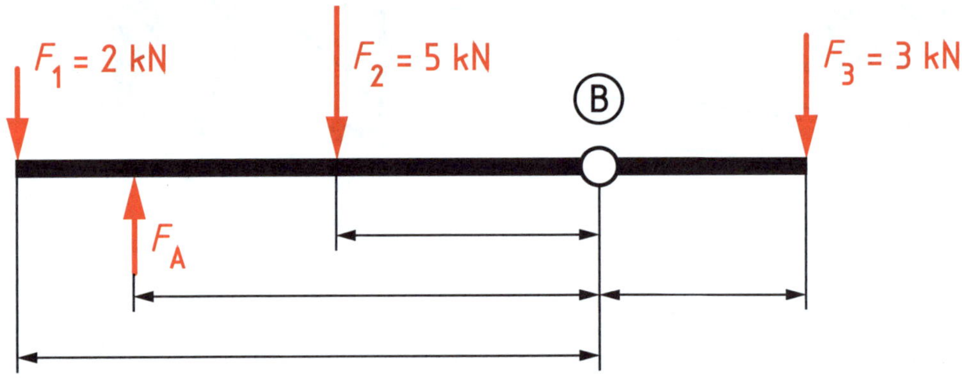

Als Drehpunkt wird ______ angenommen.

Auch beim Kragarmträger gilt: $\Sigma \overset{\curvearrowright}{M_r} = \Sigma \overset{\curvearrowleft}{M_l}$

Summe der rechtsdrehenden Momente = Summe der linksdrehenden Momente

$$F_A \cdot l_A + F_3 \cdot l_3 = F_1 \cdot l_1 + F_2 \cdot l_2$$

$$F_A \cdot l_A = F_1 \cdot l_1 + F_2 \cdot l_2 - F_3 \cdot l_3$$

$F_A =$

$F_A =$

$F_A =$

$F_A =$

$F_A =$

Auflagerkraft bei B

Als Drehpunkt könnte jetzt ______ angenommen werden. Einfacher ist jedoch – wie schon beim Stützträger – folgender Weg:

$$F_A + F_B = F_1 + F_2 + F_3$$

$F_B =$ ______

$F_B =$ ______

$F_B =$ ______

Aufgabe: Ein Träger wird vom Mauerwerk und von einer Konsole abgestützt.
Berechnen Sie die zu A und B senkrecht gerichteten Auflagerkräfte (in kN).
$F_1 = 3$ kN
$F_2 = 5$ kN
$F_3 = 4$ kN

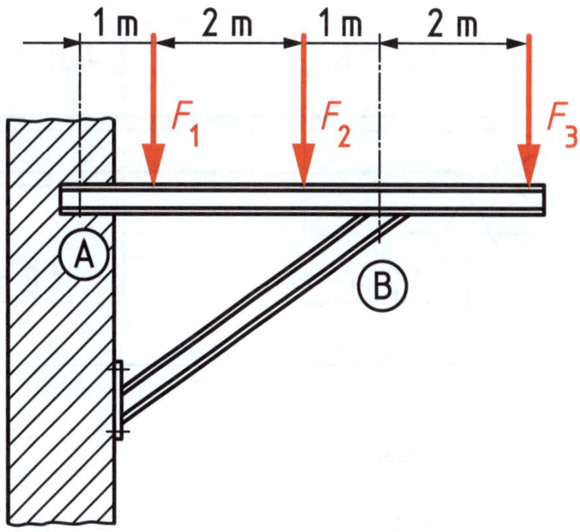

Konstruktionsmechanik	Datum:	**Herstellen von Konstruktionen aus Blechbauteilen**	Lernfeld 9
Name:	Klasse:	***Auflagerkräfte***	**18**

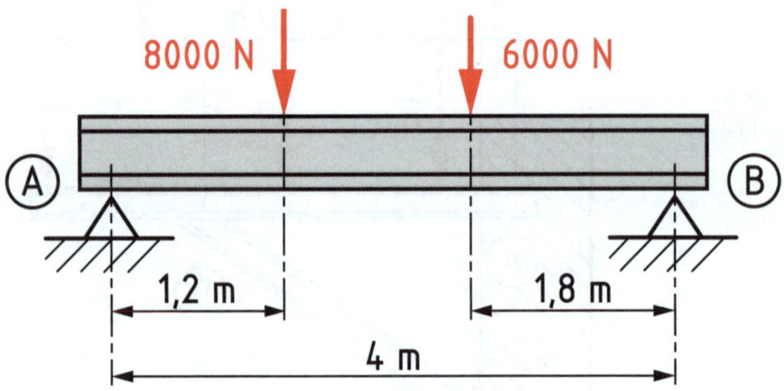

Ein Träger liegt an den Lagern A und B auf. Wie groß sind die Auflagerkräfte (in N), wenn die Eigengewichtskraft nicht berücksichtigt wird?

Auflagerkraft bei A

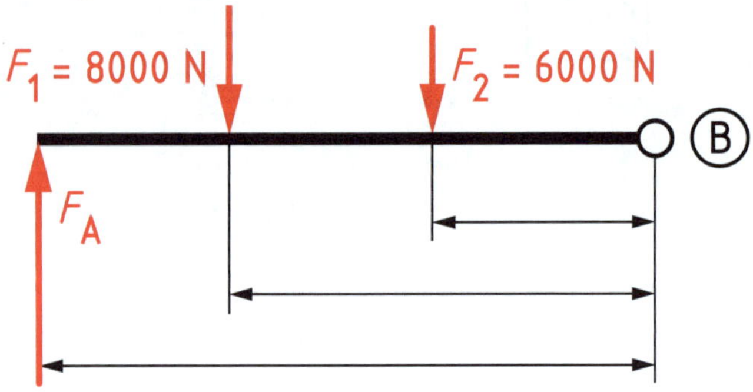

Zur Ermittlung der Auflagerkraft bei A wird als Drehpunkt ______ angenommen.

Der Träger wirkt dann als ______________.

Die beiden Kräfte F_1 und F_2 erzeugen linksdrehende ______________:

$\overset{\curvearrowleft}{\Sigma M_l}$ = ______________ (Σ = Summe)

Damit Gleichgewicht herrscht, muss ein gleich großes rechtsdrehendes Moment entgegenwirken.

Dieses wird gebildet aus der ______________ bei ______ und der ______________:

$\overset{\curvearrowright}{\Sigma M_r}$ = ______________

Gleichgewicht liegt also vor, wenn gilt:

$$\overset{\curvearrowright}{\Sigma M_r} = \overset{\curvearrowleft}{\Sigma M_l}$$

$F_A \cdot l_A = F_1 \cdot l_1 + F_2 \cdot l_2$

F_A = ______________

F_A =

F_A =

F_A =

F_A =

Auflagerkraft bei B

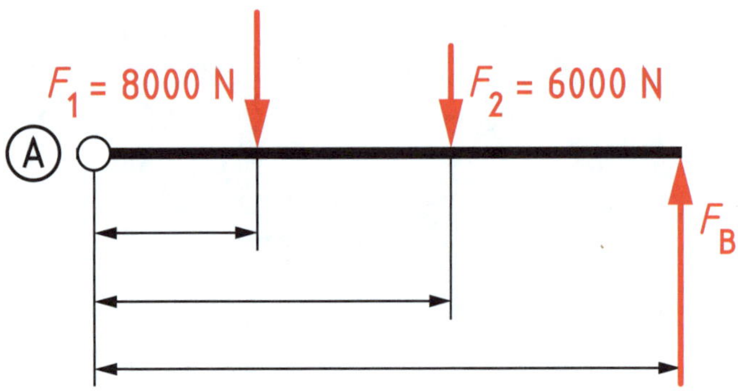

Tragen Sie in die Skizze die Länge der Hebelarme ein.

Als Drehpunkt wird jetzt ______ angenommen:

F_B =

F_B =

F_B =

F_B =

Vergleichen Sie:

Auflagerkraft bei A	F_A =	N	Belastungskraft	F_1 =	N
Auflagerkraft bei B	F_B =	N	Belastungskraft	F_2 =	N
Gesamtauflagerkraft	=	N	Gesamtbelastungskraft	=	N

$F_A + F_B =$

Ist eine Auflagerkraft, z. B. F_A, bekannt, erhält man F_B durch folgende Rechnung:

F_B =

F_B = N

F_B =

F_A =

Aufgabe: Der gezeichnete Träger wird von den beiden Kräften F_1 = 3 kN und F_2 = 1 850 N belastet. Berechnen Sie die Auflagerkräfte (in N).

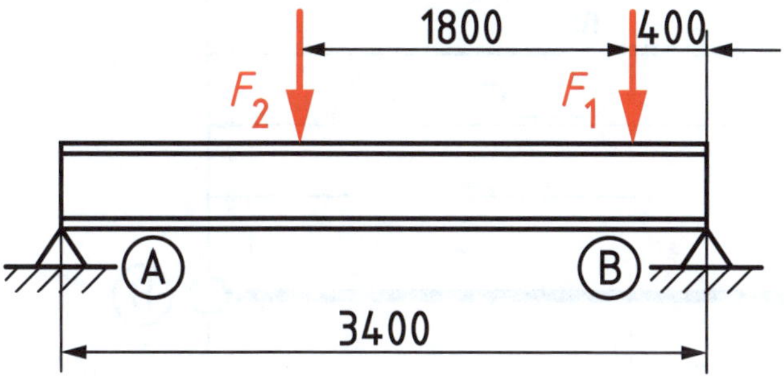

Fertigen Sie zuerst eine Skizze an, in welcher der Drehpunkt bei B angenommen wird.

Zeichnen Sie die Belastungskräfte und deren Hebelarmlängen in Formelbuchstaben ein.

A. Streckenlast

Ein 6 m langer Stützträger wird auf 4 m Länge von der Streckenlast $F_S' = 3$ kN/m belastet. Das Eigengewicht des Trägers wird nicht berücksichtigt.
Berechnen Sie die Auflagerkräfte A und B (in kN).

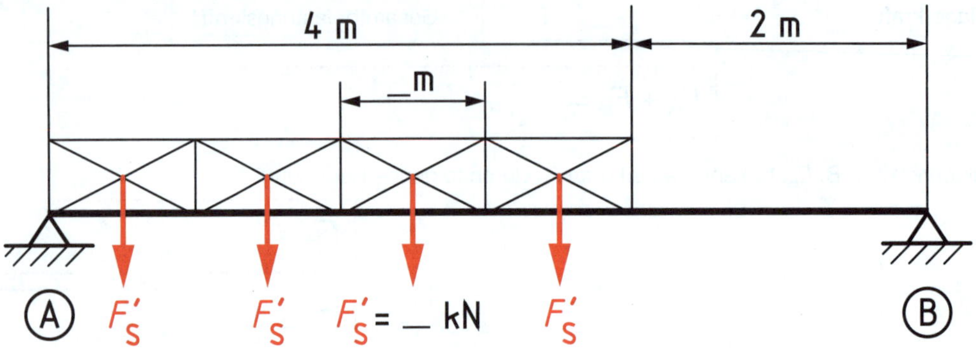

Auflagerkraft bei A

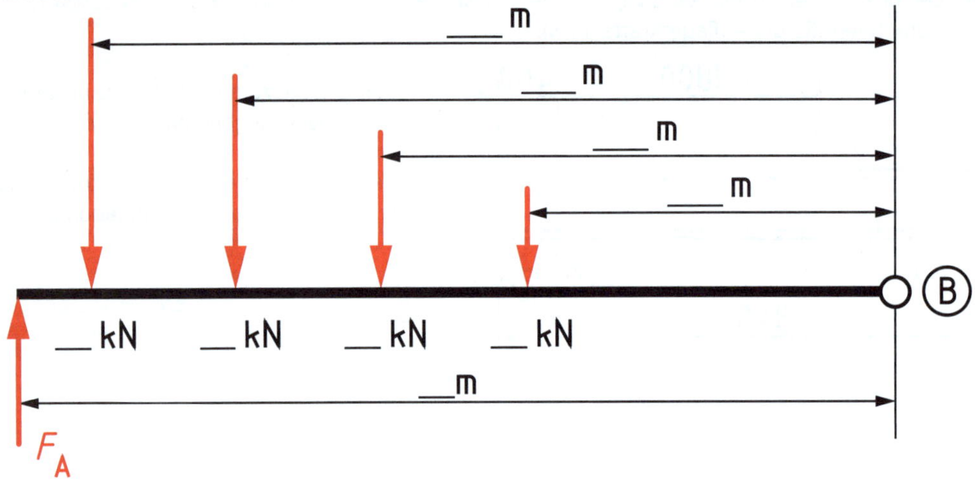

$\overset{\curvearrowright}{\Sigma M_r} = \overset{\curvearrowleft}{\Sigma M_l}$

=

=

=

=

=

Auflagerkraft bei B

F_B =

F_B =

F_B =

Gesamte Streckenlast F = ________ = ________ = ________

Diese Last kommt einer Einzelkraft gleich, welche im Schwerpunkt S angreift.

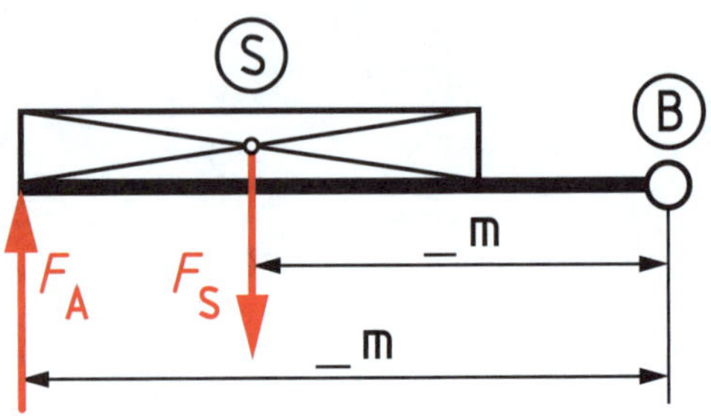

$\overset{\curvearrowright}{\Sigma M_r} = \overset{\curvearrowleft}{\Sigma M_l}$

=

=

=

=

B. Eigengewichtskraft

Ein 6 m langer Kragarmträger I 320 hat eine längenbezogene Masse $m' = 61$ kg/m.
Berechnen Sie die Auflagerkräfte bei A und B (in N).

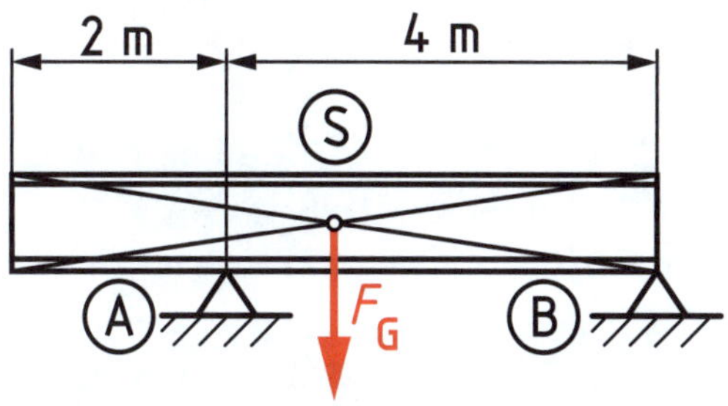

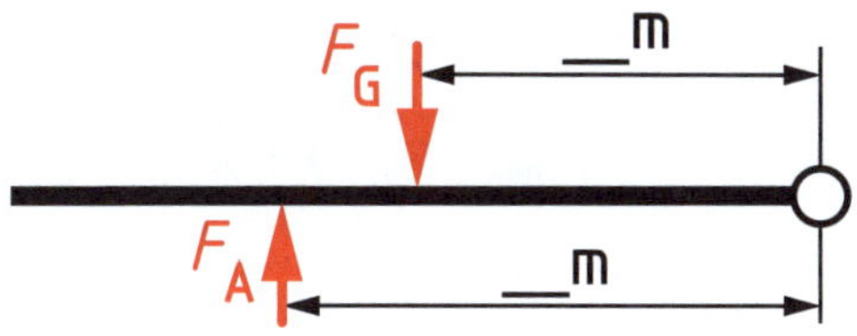

Auch das Eigengewicht kommt einer Einzelkraft gleich, welche im Schwerpunkt S angreift.

Masse des Trägers:
$m =$
$m =$
$m =$

Gewichtskraft des Trägers:
$F_G =$
$F_G =$
$F_G =$

$\overset{\curvearrowright}{\Sigma M_r} = \overset{\curvearrowleft}{\Sigma M_l}$
=
=
=
=

Auflagerkraft bei B:
$F_B =$
$F_B =$
$F_B =$

1. Aufgabe: Der skizzierte Kragarmträger IPB 260 ($m' = 93$ kg/m) belastet seine Auflager mit
- einer Einzellast $F_1 = 6$ kN,
- einer Streckenlast F'_S mit 500 N/m und
- einer Eigengewichtskraft F_G.

Berechnen Sie die Auflagerkräfte (in N).

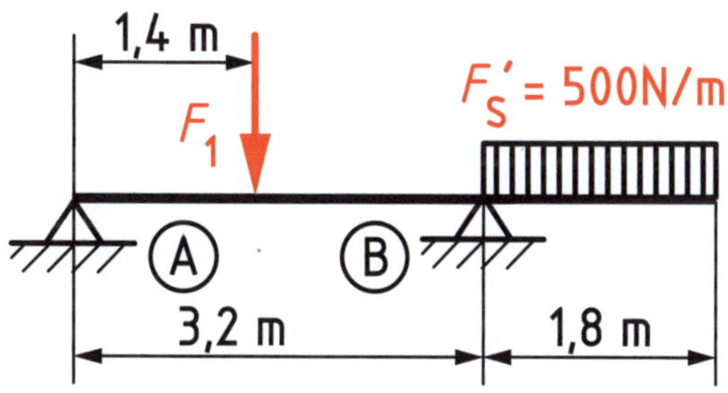

2. Aufgabe: Ein Träger mit einer Gesamtlänge von 7 m hat eine längenbezogene Masse von 61 kg/m. Er belastet seine Lager A und B mit

- einer Einzelkraft F_1 = 8 kN,
- einer Streckenlast zwischen A und B mit F'_S = 600 N/m und
- seiner Gewichtskraft F_G.

Berechnen Sie die Auflagerkräfte (in N).

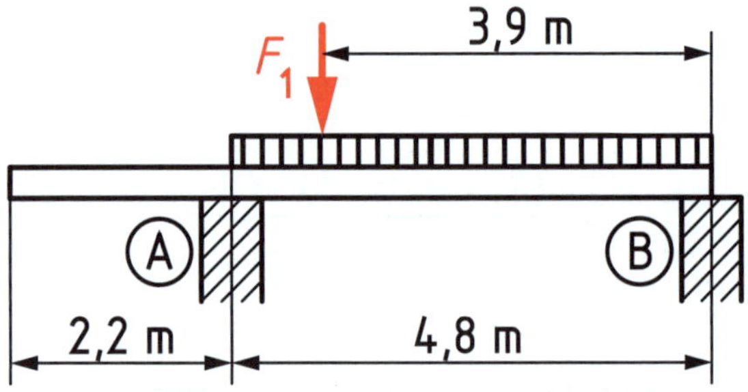

Im Lernfeld 8 haben Sie Aufgaben über die Biegung gerechnet. Lösen Sie auch die folgenden Aufgaben.

1. Aufgabe: Bestimmen Sie das axiale Widerstandsmoment (cm^3) für folgende Profile:
a) U 160 (DIN 1026-1), stehend belastet,
b) Z 100 (DIN 1027), stehend belastet,
c) Hohlprofil 60 x 40 x 5 (DIN EN 10210), liegend belastet,
d) Flachstahl Fl 80 x 12 (DIN 1017-1), stehend und liegend belastet.

2. Aufgabe: Welches Profil und welche Größe wählen Sie für einen I-Träger (DIN 1025-1), wenn $W_x = 0{,}442\ dm^3$ beträgt?

3. Aufgabe: Ein Formstahl nach DIN EN 10056-1 muss für die Biegeachse *y* das Widerstandsmoment von 12 600 mm^3 aufweisen.
Bestimmen Sie das Profil und die Profilgröße.

4. Aufgabe: Das Widerstandsmoment eines Rundstahls beträgt 4,21 cm^3.
Welchen Durchmesser (mm) wählen Sie?

5. Aufgabe: Ein liegend eingebauter Flachstahl hat die Maße 40 x 8. Er soll durch einen Quadrahtstahl mit gleichem Widerstandsmoment ersetzt werden.
Berechnen Sie die Seitenlänge des Quadratstahls (in mm).

6. Aufgabe: Mit welcher Kraft (kN) darf ein einseitig eingespannter Träger (DIN 1026-1 – U 100) auf Biegung beansprucht werden, wenn die Biegespannung 330 N/mm^2 beträgt?

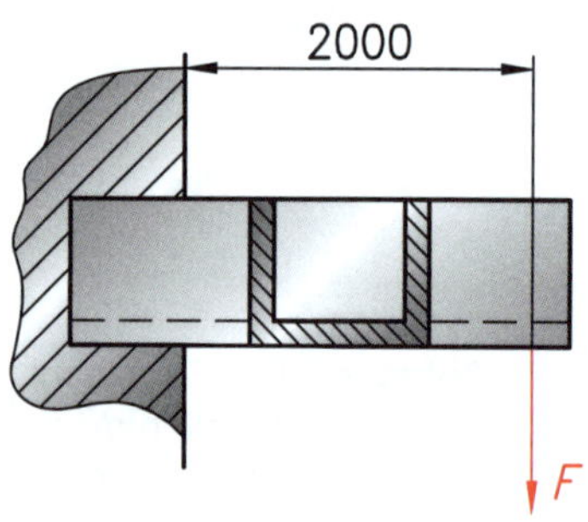

7. Aufgabe: Ein rechteckiges Stahlrohr (DIN EN 10210-S355J0 – 100 x 60 x 4) wurde durch übermäßige Biegung in *x*-Richtung zerstört. Es wird durch ein quadratisches Stahlrohr ersetzt.
Bestimmen Sie seine Größe:

8. Aufgabe: Flachstahl (Fl DIN 1017-80 x 12 – S235 JR) wird mit der Kraft von 300 N beansprucht. Berechnen Sie die Biegespannung (N/mm²) bei flach- und hochkantiger Einspannung.

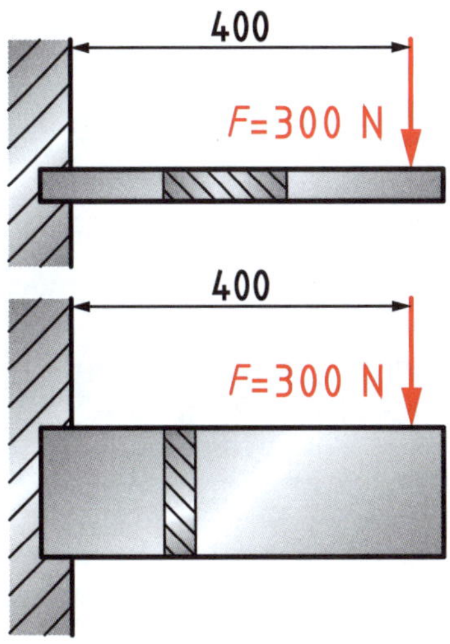

9. Aufgabe: Rundstahl Rd 30 DIN 1013-S235JR wird durch eine Kraft belastet. Die Biegespannung beträgt 100 N/mm^2. Mit wie viel N darf die Welle belastet werden?

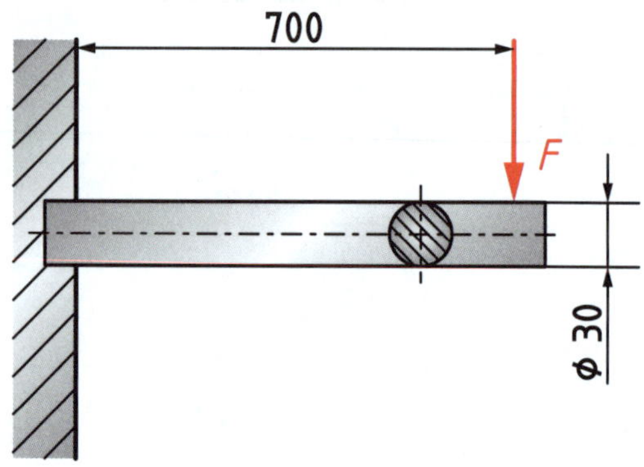

10. Aufgabe: Gleichschenkliger Winkelstahl (L EN 10056-1) ist einseitig eingespannt und wird im Abstand von 120 cm mit 1 640 N belastet. Die Biegespannung beträgt 80 N/mm^2.
Bestimmen Sie die Schenkellänge *a* und die Dicke *t* (in mm) des Winkelstahls.

A. Entstehung des Schalls und seine Ausbreitung

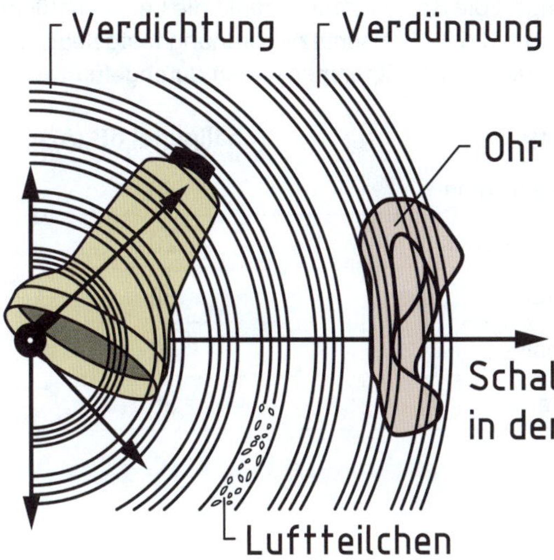

Wird eine Metallglocke mit dem Klöppel angeschlagen, so gerät der Glockenkörper in Schwingungen; er vibriert. Auch die umgebenden Luftmoleküle schwingen mit; es entstehen im Wechsel Verdichtungs- und Verdünnungszonen. Diese Luftzonen schwingen und erzeugen dadurch Schallwellen. Diese breiten sich nach allen Richtungen aus.
Unser Trommelfell im Ohr wird dadurch ebenfalls in Schwingungen versetzt; wir hören die Glocke.

Alles, was mit Schall und Hören zu tun hat, wird als Akustik bezeichnet. Damit sich Schall ausbreiten kann, sind feste, flüssige oder gasförmige Stoffe als Schallträger notwendig.

Ordnen Sie die folgenden Stoffe (Luft, Stahl, Wasser) zu.

Sehr gute Schallausbreitung: ____________________

Gute Schallausbreitung: ____________________

Mäßige Schallausbreitung: ____________________

Die Anzahl der Schwingungen in einer Sekunde wird als Frequenz bezeichnet. Die Einheit ist das Hertz (Hz).
1 Hz = eine Schwingung je Sekunde
Je größer die Frequenz, umso höher ist der Ton. Das menschliche Ohr kann Frequenzen zwischen 16 und 20 000 Hz = 20 kHz wahrnehmen. Frequenzen über 20 000 Hz nennt man Ultraschall.

Schall kann sich auf zwei Arten ausbreiten:

1. in der Luft als Luftschall (z. B. ____________________
____________________),
2. in festen Körpern als Körperschall (z. B. ____________________
____________________).

Körperschall geht nach seiner Entstehung in Luftschall über.

B. Schallmessung

Das Maß für die Lautstärke ist der Schallpegel. Gemessen wird er in Dezibel = dB (A).

Geräusch	Schallpegel dB (A)	Geräusch	Schallpegel dB (A)
Gerade noch hörbarer Schall	10	Werkstatt mit Drehmaschinen	85–90
Leises Blätterrauschen	15–20	Schwere Stanzen	100–110
Normale Unterhaltung	50–60	Kesselschmiede	100–110
Starker Straßenverkehr	70–80	Beat- oder Rockmusik	100–110
Pkw in 7,5 m Abstand	80	Schmerzhaftes Geräusch	über 120

Ab 85 dB (A) müssen Schallschutzmaßnahmen ergriffen werden.

C. Lärmeinwirkung auf den Menschen

Ständiger Lärm ist für den Menschen gesundheitsschädlich, verringert die Konzentration, senkt die Leistungsfähigkeit und erhöht die Unfallgefahr. Deshalb wurden für Betriebe Grenzwerte in der Lärmschutzverordnung festgelegt. Außerdem müssen in diesen Betrieben regelmäßig Vorsorgeuntersuchungen für Arbeitnehmer/-innen durchgeführt werden.

Raumart	Schallpegel dB (A)	Raumart	Schallpegel dB (A)
Büroräume	45	Klassenzimmer	40
Werkstätten	60–70	Fernsehstudio	20
Wohnräume	35	Theater	30
Kinos	35	Turnhalle	50
Gaststätten	40–55	Kirche	35

Gefahrgrenze für das Gehör: 85 dB (A)
Schmerzgrenze: 120 dB (A)

D. Schallschutzmaßnahmen für den Menschen

Lärm kann durch geeignete Maßnahmen verringert werden.

Ursachen	Abhilfe
Fahrzeugräder	
Zahnräder	
Verbrennungsmotore	
Metallbearbeitung durch Hämmern	

Nennen Sie Gehörschutzmaßnahmen.

1. Schalldurchgang

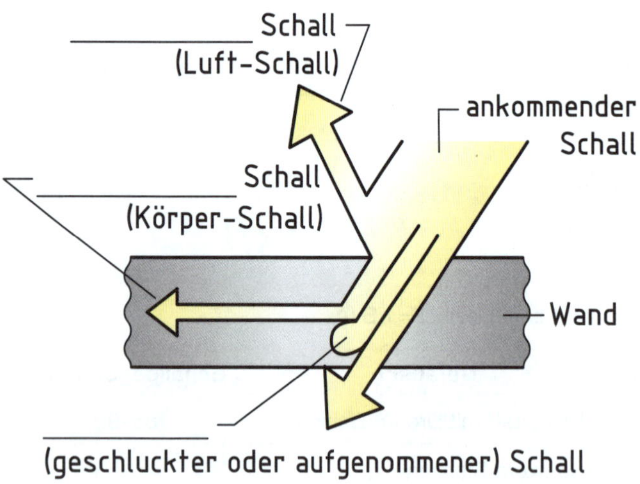

2. Schutzmaßnahmen

a) gegen Körperschall
Verhindern durch schallisolierende Zwischenlagen, z. B.

Vermindern des Trittschalls, z. B. durch

b) gegen Luftschall
Vermindern des reflektierten Schalls durch schalldämmende Wände:

Wärmeschutz verhindert die Wärmeübertragung vom wärmeren Innenbereich an den Außenbereich.

Vorteile des Wärmeschutzes:

– ______________________________

– ______________________________

– ______________________________

A. Wärme und Temperatur

Soll ein Stoff erhitzt werden, muss ihm Wärme zugeführt werden.

Folge dieser Wärmezufuhr: ______________________________

Wärme ist, wie Elektrizität oder Atomkraft, eine Form der Energie. Sie wird als Wärmeenergie oder Wärmemenge bezeichnet.

Einheiten: 1 Newtonmeter = 1 Wattsekunde = 1 Joule

1 ________ = 1 ________ = ________

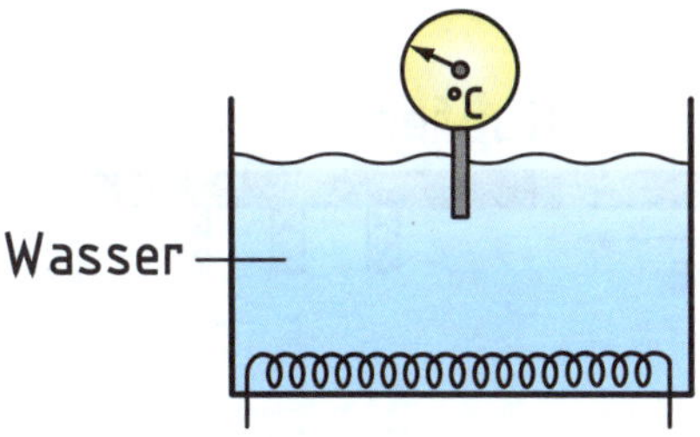

Trotz gleicher Wärmezufuhr ist der Wärmezustand

= ______________

verschieden.

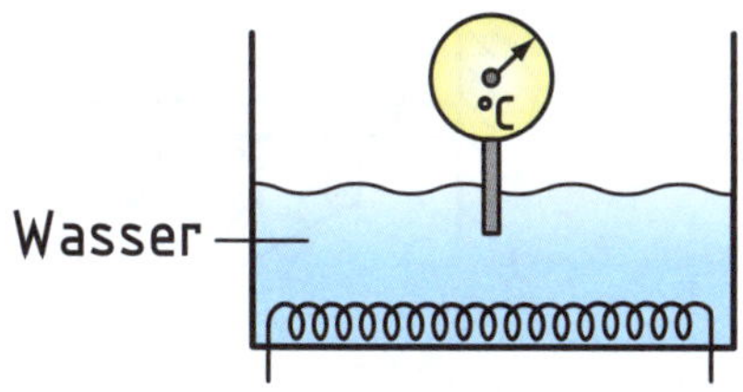

B. Temperaturmessgeräte

Zum Messen der Temperatur dienen Thermometer. Dabei wird die Temperatur vom Fühler erfasst und zum Anzeigeteil übertragen.

Thermometer	Aufbau	Wirkungsweise
Flüssigkeits-Thermometer a) Quecksilber (– 30 bis 400 °C) b) Alkohol (– 110 bis 80 °C)	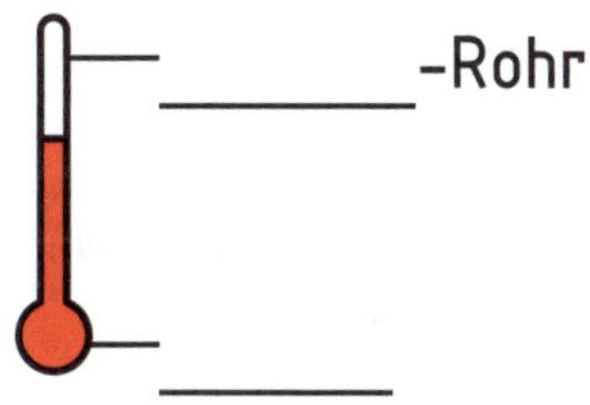	
Bimetall-Thermometer (– 30 bis 400 °C)	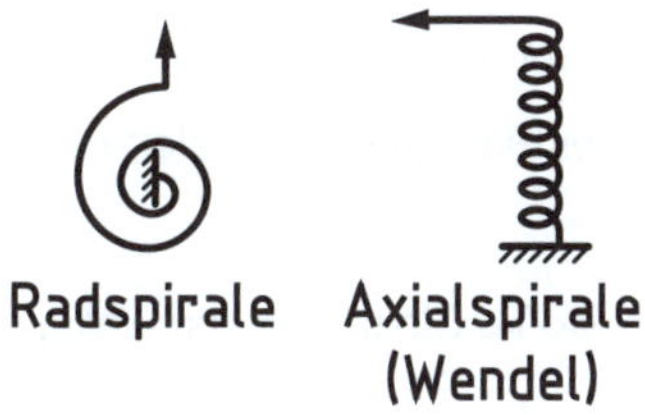	
Elektrisches Widerstands-Thermometer (– 200 bis 400 °C)	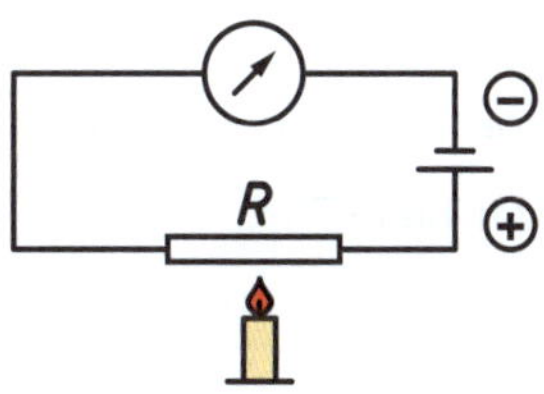	
Thermoelektrisches Thermometer (– 250 bis 2 000 °C)	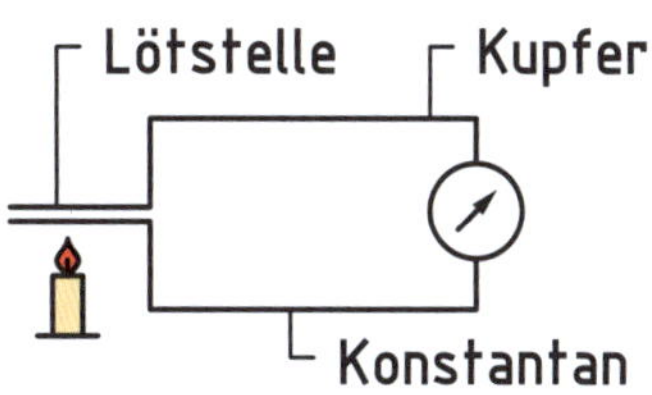	

C. Wärmeübertragung

Versuch: Kaltes Wasser soll durch warmes Wasser erwärmt werden.

Erkenntnis: ______________________________

____

____

____

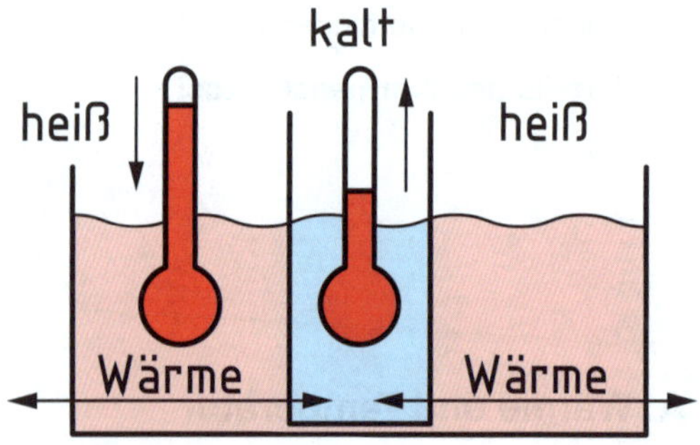

Die Wärmeübertragung kann auf drei verschiedene Arten erfolgen: Wärmeleitung, Wärmemitführung (= Konvektion) und Wärmestrahlung.

1. Wärmeleitung

Versuch: Auf Flachstäbe aus Stahl und Kupfer werden in gleichen Abständen Kerzen durch Wachs befestigt. Die Enden der Stäbe werden gleichmäßig erwärmt.

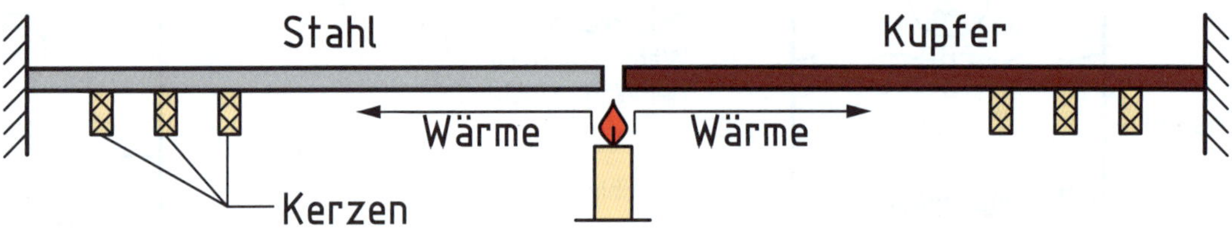

Beobachtung: ______________________________

Erkenntnis: ______________________________

Diese Stoffeigenschaft wird durch die Wärmeleitzahl λ (Lambda) ausgedrückt.

Stoff	Wärmeleitzahl $\left(\frac{W}{m \cdot K}\right)$	Stoff	Wärmeleitzahl $\left(\frac{W}{m \cdot K}\right)$
Kupfer	380	Glas	0,8
Aluminium	200	Holz (trocken)	0,18
Stahl-Baustahl	70	Luft	0,02

Je größer die Wärmeleitzahl, desto größer die Wärmeleitung.

Ist die Wärmeübertragung erwünscht, verwendet man gute Wärmeleiter (z. B. ______________________________ ______________________________), also Metalle.

Schlechte Wärmeleiter sind gute Wärmedämmstoffe. Sie sind meist wollig (z. B. ______________________________ ______________________________) oder porös, d.h. in den Poren ist Luft eingeschlossen (z. B. ______________________________ ______________________________).

Bei der Wärmeleitung schwingen innerhalb des Stoffs die Moleküle und geben diese Bewegung an Nachbarmoleküle weiter. Die Moleküle selbst bleiben an ihrem Platz.

2. Wärmemitführung (Konvektion)

Versuch:
Ein Ringrohr wird mit gefärbtem Wasser gefüllt und an einem Bogen erwärmt.

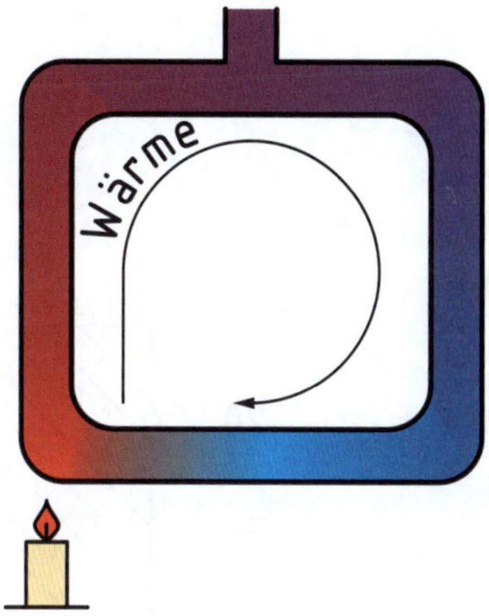

Erkenntnis:
Das kältere Wasser hat eine größere Dichte als das wärmere Wasser; es übt dadurch einen größeren Druck aus als die wärmere Wassersäule, es kommt zur Zirkulation oder zur Konvektion.

Bei der Wärmemitführung wird die vom Wärmeträger (z. B. Heizwasser) aufgenommene Wärme an Stellen mit geringerer Temperatur wieder abgegeben.

Die Wärmemitführung findet nur in Flüssigkeiten oder Gasen durch Flüssigkeits- oder Gasströmung statt.

An Heizkörpern wird die Luft erwärmt und dehnt sich aus. Dadurch wird die Dichte geringer, die erwärmte Luft steigt nach oben; es kommt zur Zirkulation.

3. Wärmestrahlung

Die Sonne sendet Wärmestrahlen aus. Die Wärmeübertragung kann hier jedoch nicht durch Wärmeleitung oder Wärmemitführung stattfinden, weil zum Transport der Wärme Moleküle notwendig wären.
Stoffe mit höherer Temperatur als ihre Umgebung übertragen die Wärme durch Strahlung. Die Wärme wird ohne Wärmeträger übertragen. Wärmestrahlen sind elektromagnetische Schwingungen und den Lichtstrahlen sehr ähnlich.
Treffen Wärmestrahlen auf Körper auf, so werden sie

- von Körpern mit dunkler Oberfläche ______________________
- von Körpern mit heller Oberfläche ______________________
- durchgelassen, z. B. ______________________

Konstruktionsmechanik	Datum:	Herstellen von Konstruktionen aus Blechbauteilen	Lernfeld 9
Name:	Klasse:	*Wärmedurchgang*	22

Besitzen zwei Stoffe verschiedene Temperaturen, strömt Wärme. Diese wird stets vom Stoff mit der höheren Temperatur an den Stoff mit der niedrigeren Temperatur übertragen.
Die je Zeiteinheit – meist 1 Stunde – transportierte Wärmeenergie heißt Wärmestrom.

Formelzeichen: Ø (phi)

Einheitszeichen: Wärmemenge je Stunde ⟶ $\frac{Wh}{h}$ = ______

Umrechnung: 1 000 W = ______

A. Wärmeleitung

Wie viel Watt strömen von der 18 m^2 großen Oberfläche durch die skizzierte Wand aus Stahlbeton (Wärmeleitzahl λ = 2,1 W/m · K)?

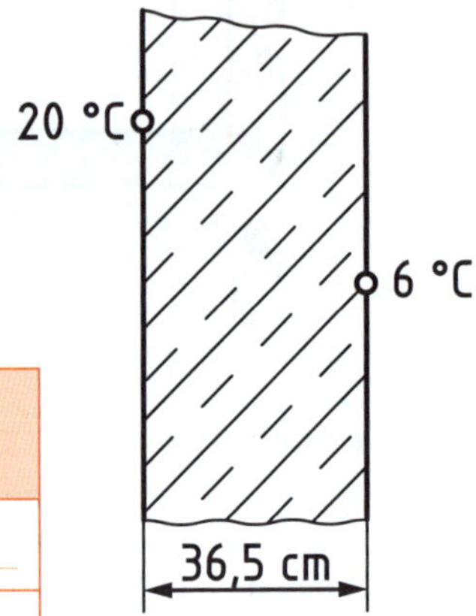

Geg.: ______

Ges.: ______

Oberfläche *A*	Temperaturunterschied Δ *T*	Dicke *s*	Wärmestrom *Ø*

Ø = ______ (______)

λ in ______ ; *A* in ______

Δ*T* in ______ ; *s* in ______

Aufgabe: Wie groß ist der Wärmestrom (in W) durch eine 5 cm dicke Wärmedämmmatte (λ = 0,04 W/m · K) mit der Fläche von 24 m^2, wenn die Temperaturdifferenz 18 K beträgt?

B. Wärmeübergang

Bevor jedoch die Wärme im Stoff weitergeleitet werden kann, muss sie in den Stoff eindringen (übergehen) und auf der anderen Seite wieder austreten.
Dies wird durch den Wärmeübergangskoeffizienten h bzw. durch den Wärmeübergangswiderstand R ausgedrückt.

Dabei ist $$R = \frac{1}{h}$$

An der Außenseite von Gebäuden	$h_a = 25\ \text{W/m}^2 \cdot \text{K}$	R_{sa} =
An der Innenseite von Räumen an Wand-, Tür- und Fensterflächen	$h_i = 7{,}69\ \text{W/m}^2 \cdot \text{K}$	R_{si} =

Wie viel Watt gehen auf der Innenseite einer 18 m² großen Wand in ihre Oberfläche über?

Geg.:

Ges.:

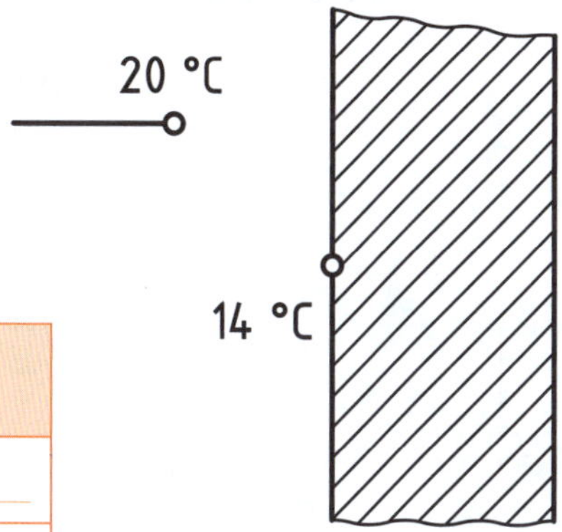

Oberfläche A	Temperaturunterschied ΔT	Wärmestrom $\varnothing$

C. Wärmedurchgangskoeffizient

Welcher Wärmestrom (in W) durchströmt die 1 m² große Fläche einer Außenwand aus Normalbeton ($\lambda = 2{,}1\ \text{W/m} \cdot \text{K}$) von 30 cm Dicke bei einem Temperaturunterschied von 1 K?

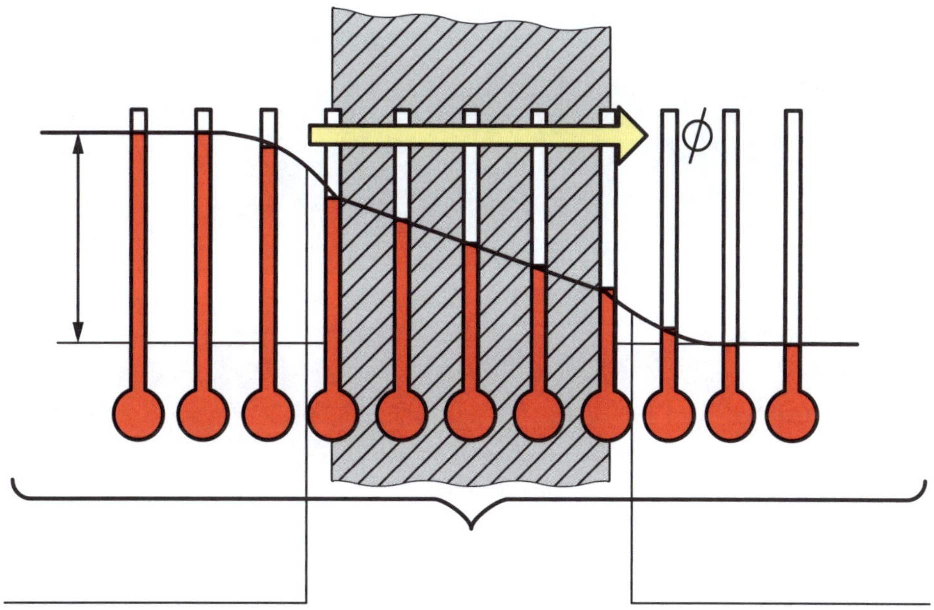

Der Wärmedurchgangskoeffizient U gibt an, welcher Wärmestrom in Watt von der wärmeren Seite durch ein Bauteil von 1 m^2 Fläche zur kälteren Seite hindurchgeht, wenn die Temperaturdifferenz 1 K ist. Er wird mit folgenden Formeln berechnet:

$$U = \frac{1}{R_T}$$

R_T ist der Wärmedurchgangswiderstand und setzt sich aus folgenden einzelnen Widerständen zusammen:

- Wärmeübergangswiderstand innen R_{si}
- Wärmedurchlasswiderstand $R_1, R_2, R_3 \ldots$
- Wärmeübergangswiderstand außen R_{sa}

$$R = \frac{s}{\lambda}$$

$R_T =$ ____________________

Formelzeichen	Bezeichnung	Benennung
U	Wärmedurchgangskoeffizient	$\frac{W}{m^2 \cdot K}$
R_T		
R_{si}		
R_{sa}		
$R_1, R_2, R_3 \ldots$		
s		
λ		

D. Wärmedurchgang

Eine 14 m^2 große Außenwand aus Ziegelsteinen hat einen Wärmedurchgangskoeffizienten von 0,6 $W/m^2 \cdot K$. Die Raumtemperatur beträgt 20 °C, die Außentemperatur –10 °C.
Welcher Wärmestrom (in W) geht durch diese Wand verloren?

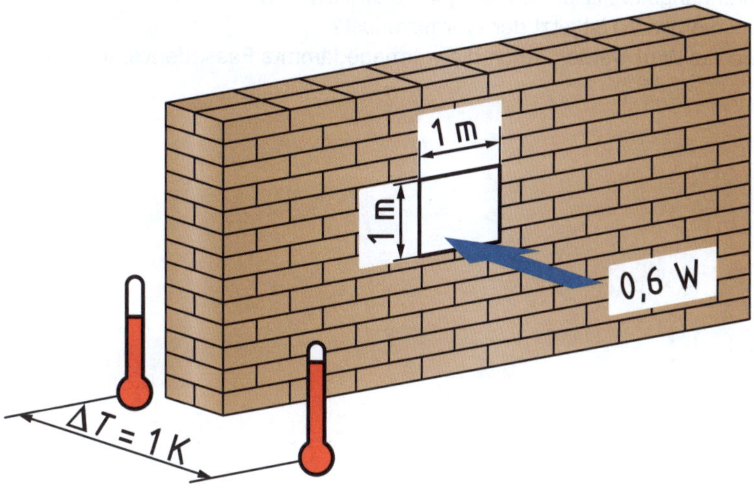

$U = 0{,}6\ W/m^2 \cdot K$ bedeutet:

_______ m^2 durchströmen bei _______ K Temperaturunterschied ⟶ _______ W

_______ m^2 durchströmen bei _______ K Temperaturunterschied ⟶ _______ W

_______ m^2 durchströmen bei _______ K Temperaturunterschied ⟶ _______ W = _______ W

Ø = (W) in in in

1. **Aufgabe:** Eine Außenwand aus Gasbeton (λ = 0,21 W/m · K) ist 30 cm dick und erhält nachträglich eine Verkleidung mit folgendem Aufbau:
   5 cm Wärmedämmung (λ = 0,03 W/m · K) und
   2 mm Aluminiumblech (λ = 200 W/m · K).
   a) Wie groß ist der Wärmedurchgangskoeffizient (in $W/m^2 \cdot K$)?
   b) Wie viel Watt gehen durch eine 14 m^2 große Wand verloren, wenn die Innentemperatur 18 °C und die Außentemperatur –12 °C ist?

2. Aufgabe: a) Eine Außenwand ist 3,4 m lang und 2,8 m hoch. Sie besteht aus Lochziegeln mit $U = 1{,}28\ \mathrm{W/m^2 \cdot K}$. Die Differenz zwischen Innen- und Außentemperatur beträgt 32 K. Wie viel Watt durchströmen diese Wand?

b) Nachträglich wurde eine Fassadenverkleidung mit Wärmedämmung angebracht. Der neue Wärmedurchgangskoeffizient beträgt jetzt $0{,}35\ \mathrm{W/m^2 \cdot K}$. Wie groß (in W) ist jetzt der Wärmeverlust?

c) Wie viel Watt werden durch die wärmegedämmte Fassadenverkleidung eingespart?

3. Aufgabe: Bei der Renovierung eines Wohnhauses wurden alle einfachverglasten Fenster ($U = 5{,}2\ \mathrm{W/m^2 \cdot K}$) gegen wärmegedämmte Aluminiumfenster mit Isolierverglasung ($U = 2{,}7\ \mathrm{W/m^2 \cdot K}$) ausgewechselt. Die Fenster besitzen zusammen eine Fläche von $18{,}4\ \mathrm{m^2}$.
Wie viel Watt werden eingespart, wenn eine durchschnittliche Innentemperatur von 18 °C und eine Außentemperatur von –10 °C zugrunde gelegt werden?

Informieren Sie sich im Tabellenbuch über Rand- und Lochabstände.

d_1 = Lochdurchmesser

e_1 = kleinster Randabstand in Kraftrichtung — e_1 = ____________

e_1 = größter Randabstand in Kraftrichtung — e_1 = ____________

e_2 = kleinster Randabstand senkrecht zur Kraftrichtung — e_2 = ____________

e_2 = größter Randabstand senkrecht zur Kraftrichtung — e_2 = ____________

a = kleinster Lochabstand in Kraftrichtung — a = ____________

a = größter Lochabstand — a = ____________

a = kleinster Lochabstand senkrecht zur Kraftrichtung — a = ____________

Aufgabe:
Durchgangslöcher für Schrauben werden nach DIN EN 20273 in fein, mittel und grob eingeteilt.
Bestimmen Sie für die Schraubengröße M 16 mithilfe des Tabellenbuchs den Durchmesser für ein Durchgangsloch (fein).

Lochdurchmesser d_1 = ________ mm

Bestimmen Sie die kleinsten Rand- und Lochabstände.
Tragen Sie die ermittelten Werte in die Skizze ein.

e_1 = ____________

e_2 = ____________

a = ____________

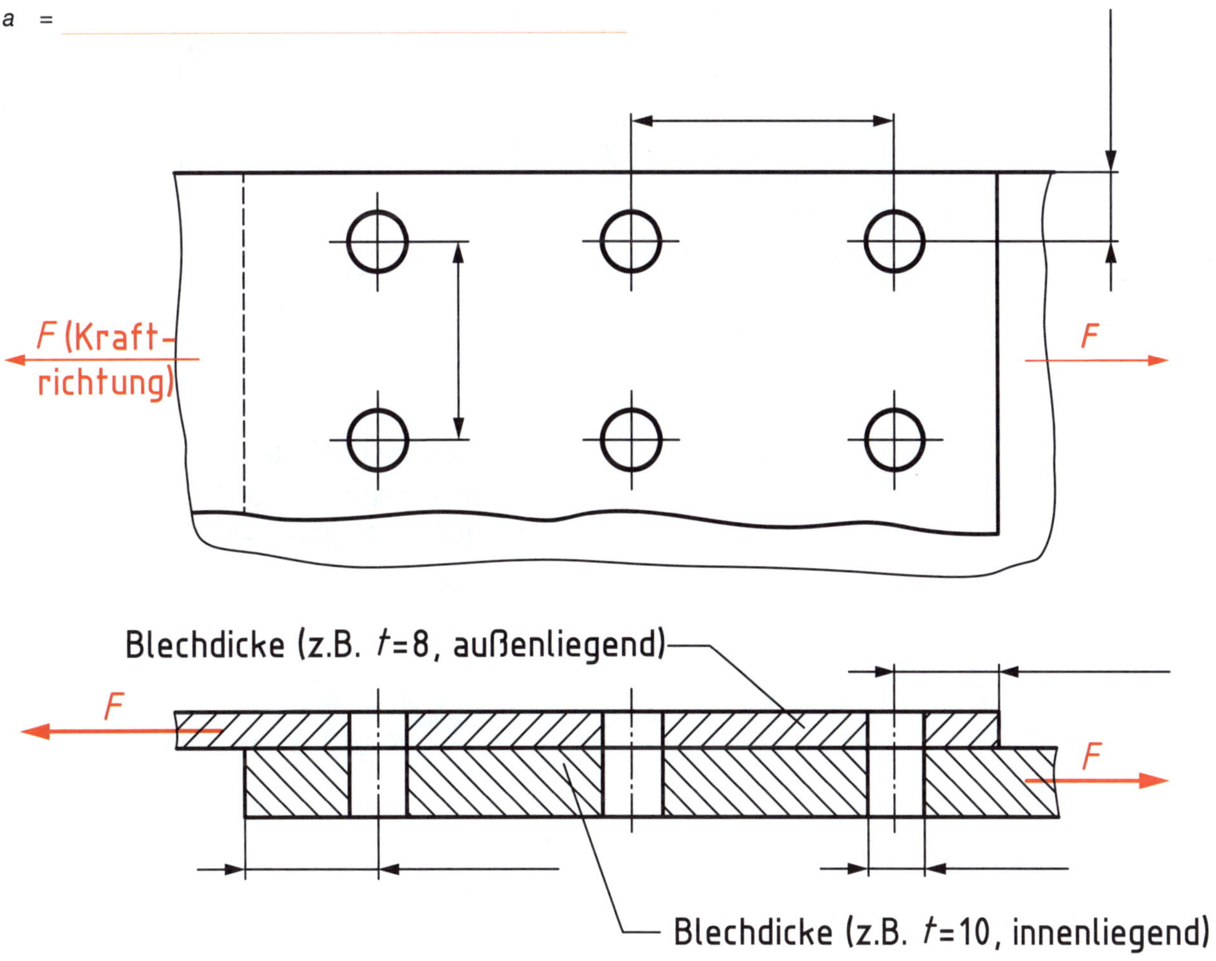

Werden Profile durch Schrauben verbunden, müssen Bohrungen hergestellt werden.
Als Wurzelmaß *w* bezeichnet man bei U-Stählen und Winkelstählen den Abstand von der Profilecke bis zur Bohrungsmitte.
I-Stähle und T-Stähle müssen links und rechts vom Steg für Verschraubungen gebohrt werden. Das Wurzelmaß ist der Mittenabstand der Bohrungen.

Aufgabe:
Bestimmen Sie mithilfe des Tabellenbuchs die Wurzelmaße der U-Stahl-Eckverbindung mit Knotenblech und Verstärkungswinkel. Tragen Sie die Zahlenwerte in die Skizze ein.
Wie groß dürfen die Bohrungen der U-Stahl-Eckverbindung höchstens hergestellt werden?

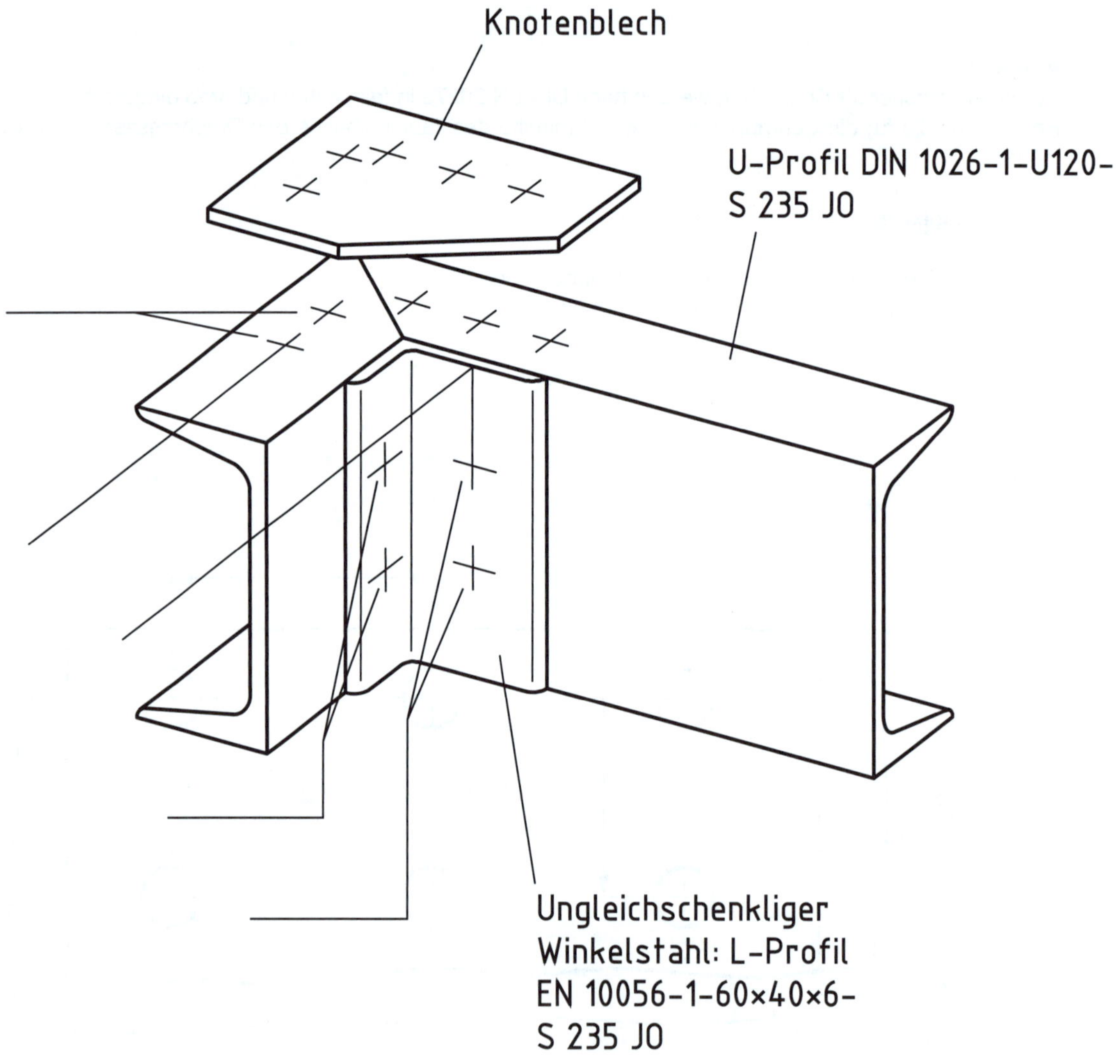

A. Profillage

Zeichnen Sie bitte in der rechten Spalte jeweils die Normangabe für Winkelstähle ein.

Vorderansicht	Seitenansicht	Normangabe
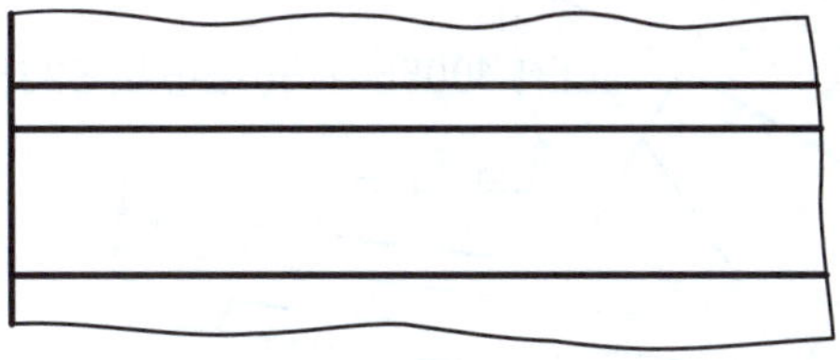	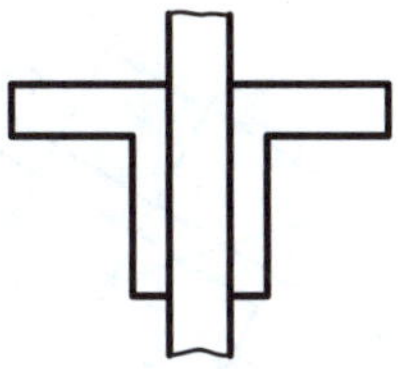	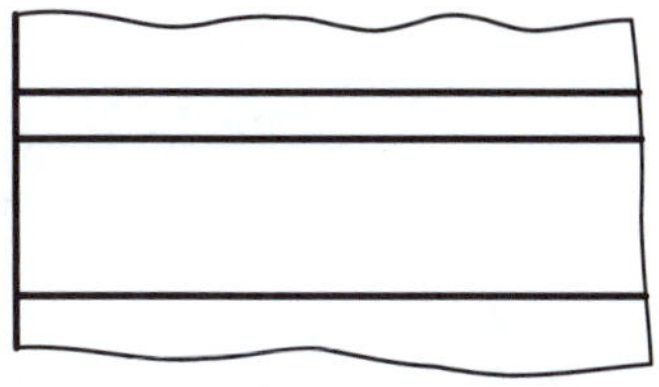
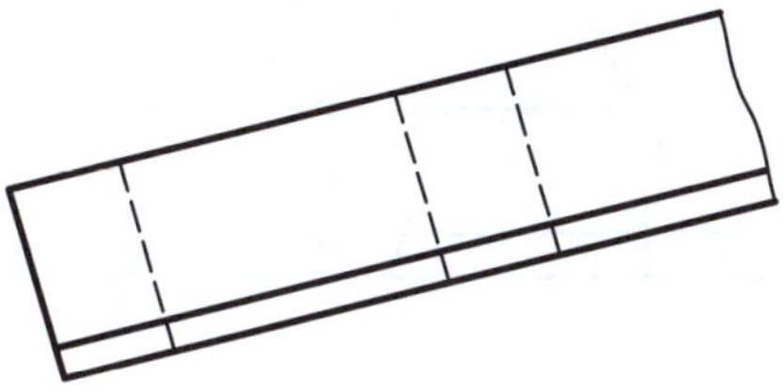	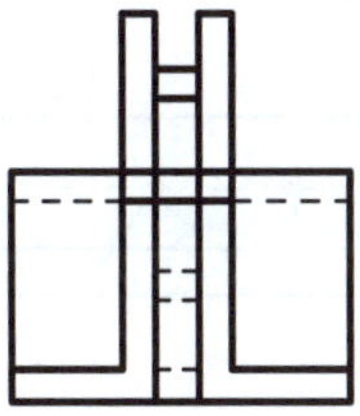	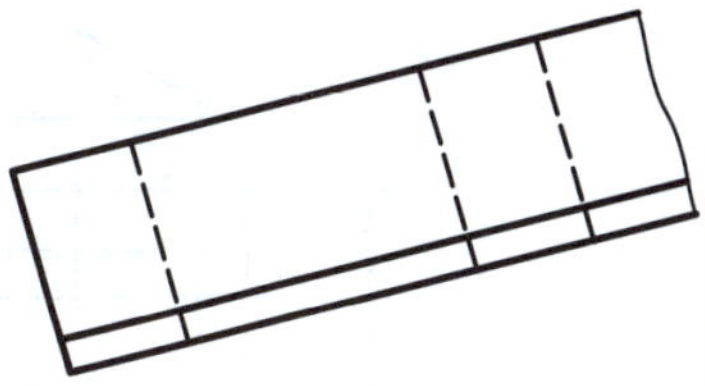
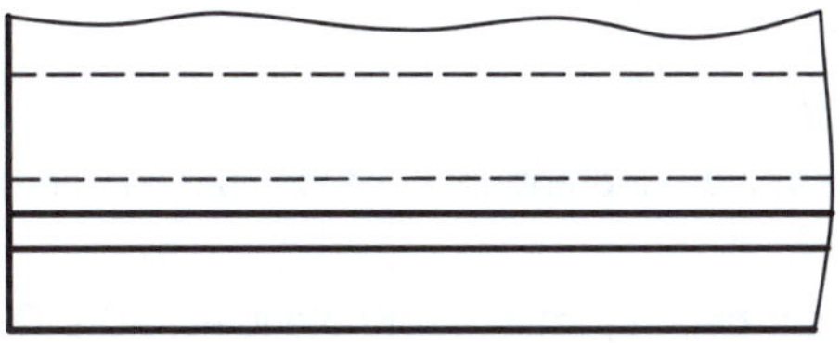	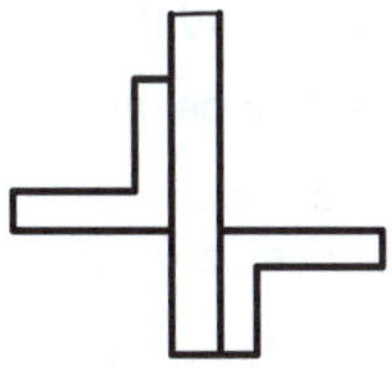	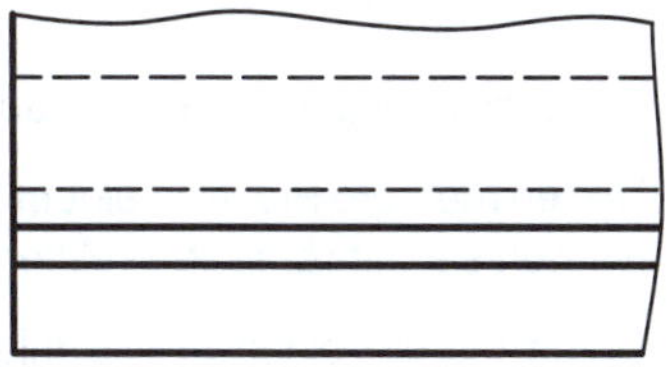

B. Kennzeichnung der Profile

Stets die Normbezeichnung angeben! Nach der Profilabmessung kann zwischen zwei Bindestrichen die Zuschnittlänge (z. B. 3,55 m) eingefügt werden:

EN 10056-1-60 x 50 x 5 ______________ S 235 JO

C. Kennzeichnung von Zwischenblechen

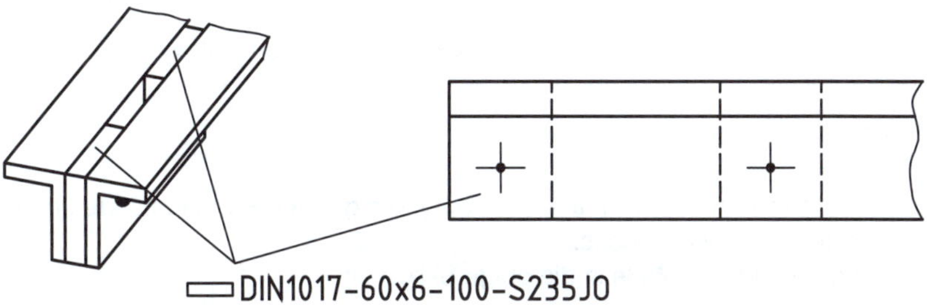

D. Kennzeichnung von Bohrungen, Schrauben und Nieten

E. Kennzeichnung der Schrauben

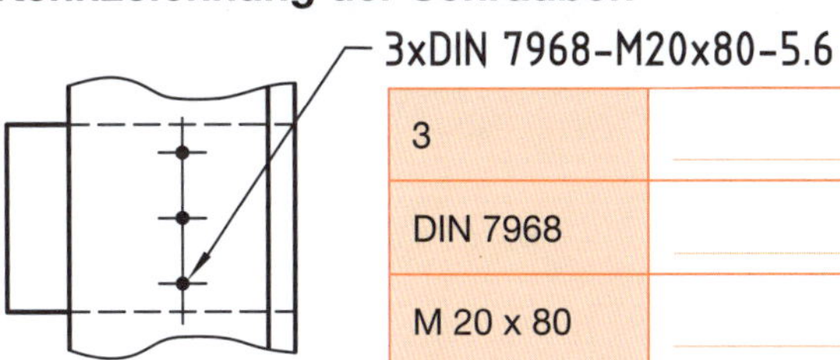

3	
DIN 7968	
M 20 x 80	
5.6	

Aufgabe

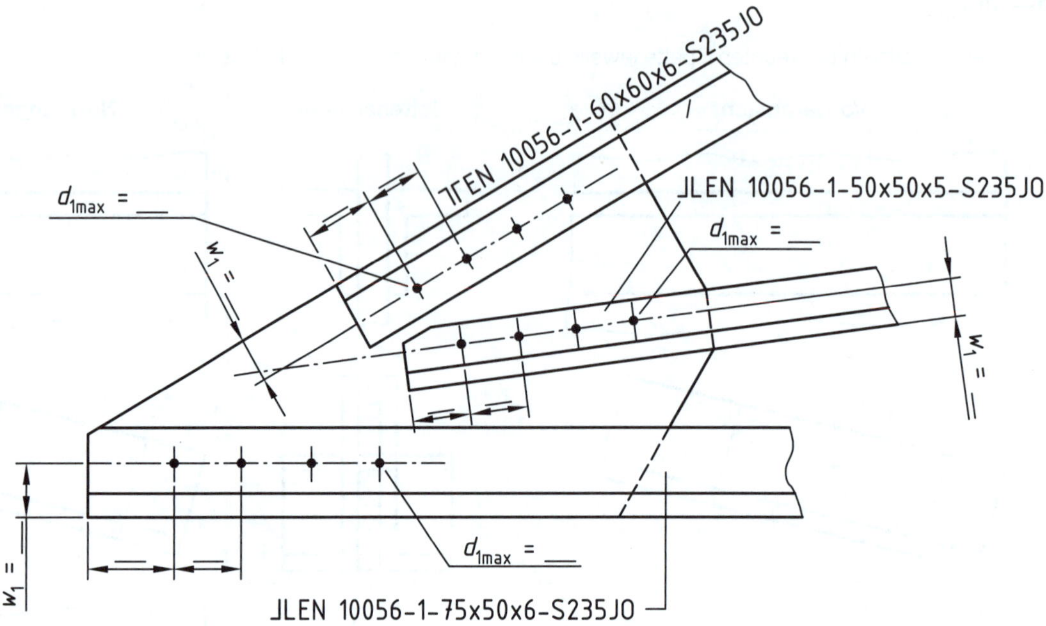

Die Skizze zeigt einen geschraubten Dachbinder aus Winkelstählen.

Treffen mehrere Profile in einem Punkt zusammen, so nennt man dies einen Knotenpunkt. In technischen Darstellungen werden sie mit römischen Ziffern bezeichnet, z. B. Knotenpunkt I.

Damit die einzelnen Profile miteinander verbunden werden können, benötigt man ein Knotenblech. Die Dicke des Knotenblechs entspricht etwa der mittleren Dicke der im Knotenpunkt zusammenlaufenden Profile.

1. Bestimmen Sie die Dicke t_I des Bleches im Knotenpunkt I.

   t_I = =

2. Ermitteln Sie von allen Winkelstählen die maximalen Bohrungsdurchmesser $d_{1\,max}$ aus dem Tabellenbuch. Tragen Sie diese Maße in die Skizze ein.

Winkelstahl	75 x 50 x 6	60 x 60 x 6	50 x 50 x 5
Bohrungsdurchmesser d_{1max} (mm)			

3. Bestimmen Sie für alle Winkelstähle die Wurzelmaße (*w*-Maße), die größten Randabstände und die kleinsten Abstände der Bohrungen mithilfe des Tabellenbuchs. Tragen Sie die entsprechend gerundeten Maße in die obige Skizze ein.

L 50 x 50 x 5
w_1 = mm
$e_{1\,max}$ =
a_{min} =

L 75 x 50 x 6
w_1 = mm
$e_{1\,max}$ =
a_{min} =

L 60 x 60 x 6
w_1 = mm
$e_{1\,max}$ =
a_{min} =

Konstruktionsmechanik	Datum:	Herstellen von Konstruktionen aus Profilen	Lernfeld 10
Name:	Klasse:	*Knotenpunkt (Systempunkt) der Profilstähle*	4

Jede Profil-Querschnittfläche hat einen Schwerpunkt (S). Die Schwerpunktlage kann berechnet oder aus Tabellen entnommen werden. Je nach Einbaulage des Profils werden sie mit e_x oder e_y bezeichnet.

Aufgabe: Bestimmen Sie mithilfe des Tabellenbuchs die Schwerpunktlage folgender Profile und zeichnen Sie diese in die Skizze ein.

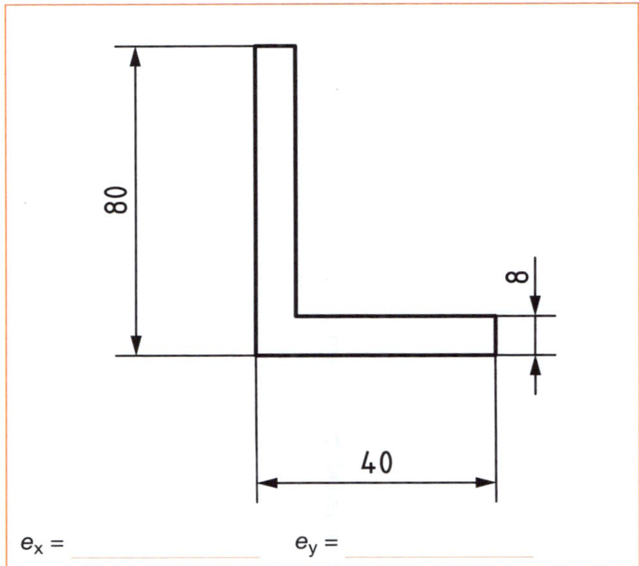

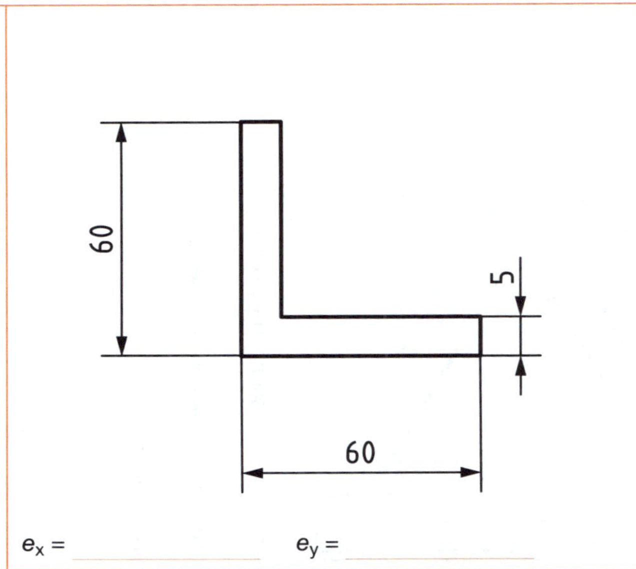

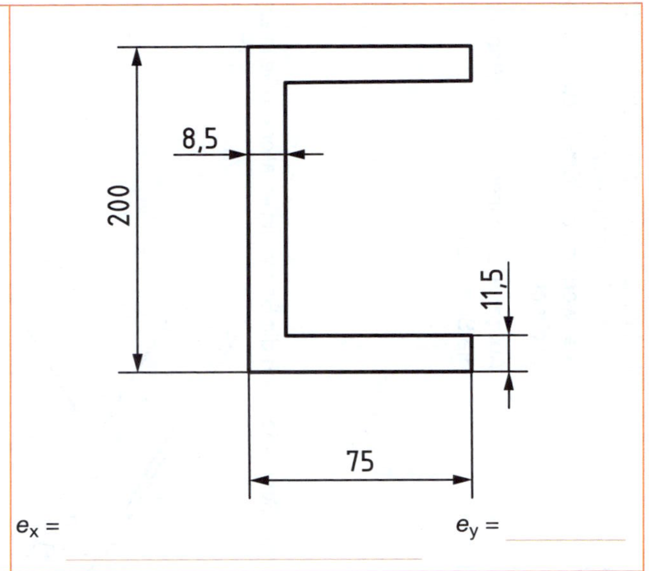

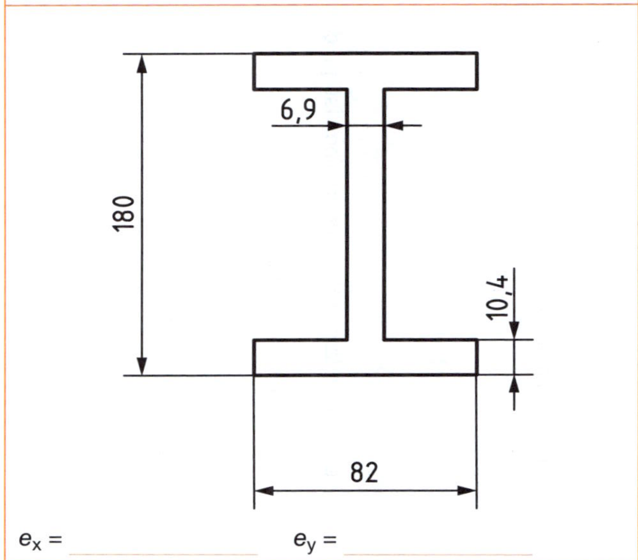

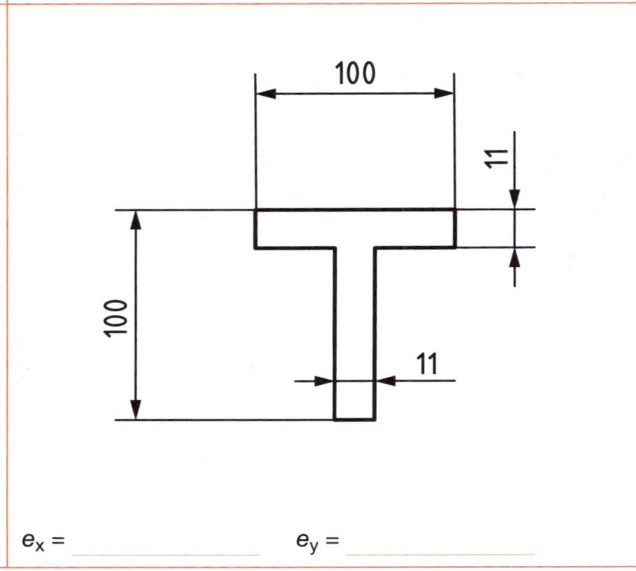

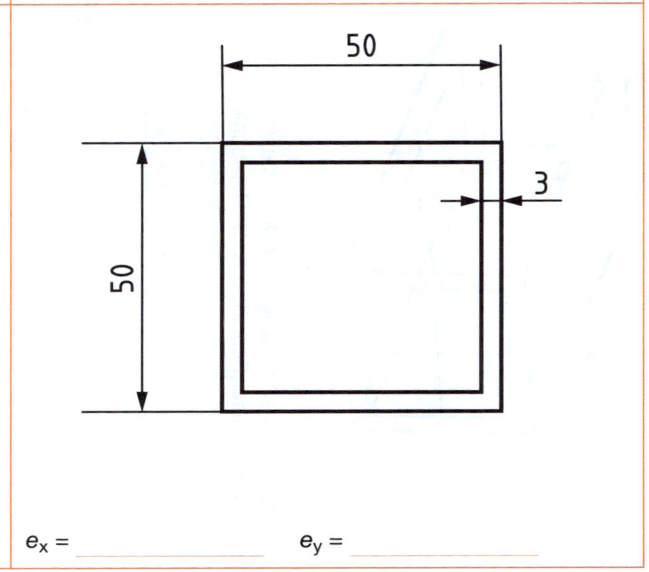

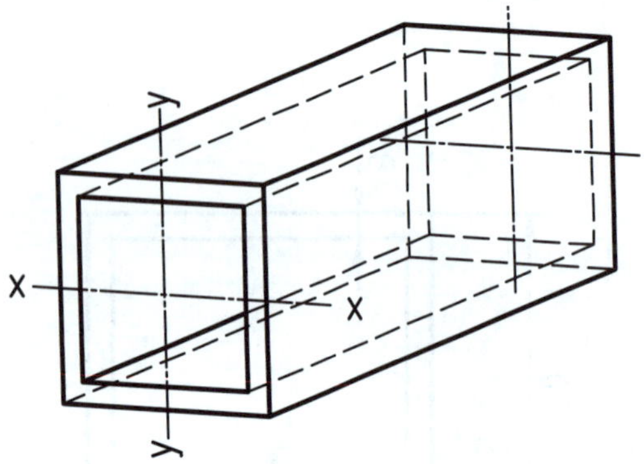

Linien, die durch den Schwerpunkt *S* gehen, heißen Stabschwerlinien.
Sie werden als Strich-Zweipunkt-Linie gezeichnet.

Aufgabe: Zeichnen Sie die Stabschwerlinie in die Skizze ein.

Profile können auf Zug oder Druck beansprucht werden. Schneiden sich die Schwerlinien aller Profile in einem Punkt, so heißt dieser Schnittpunkt Systempunkt (SP).

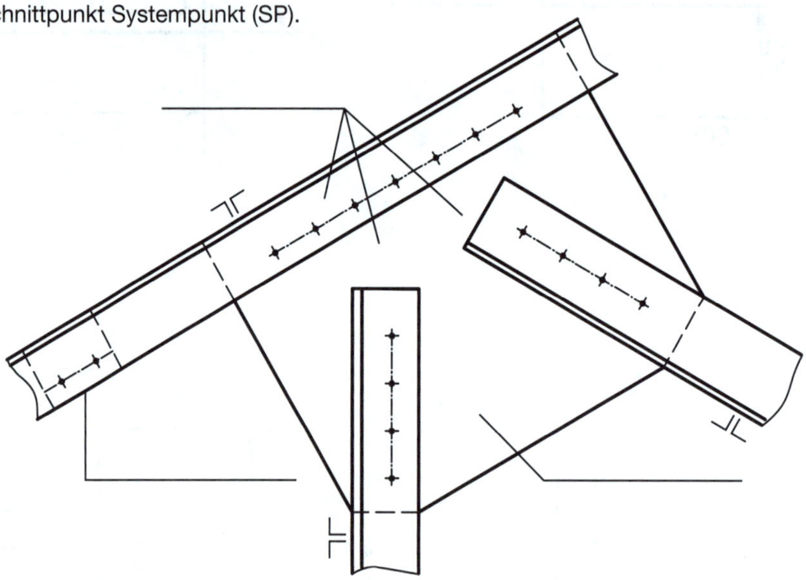

Die Winkelstahlprofile sind symmetrisch mit Zwischenblechen zweischnittig verschraubt.

Aufgabe: Zeichnen Sie alle Schwerlinien in die Skizze ein und bestimmen Sie den Systempunkt.

Geben Sie zu den Stichpunkten entsprechende Arbeitshinweise.

1. (Bohrung)
2. (Kerbwirkung an der Übergangsstelle Schaft – Kopf)
3. (Korrosionsgefahr)
4. (Auflage der Mutter)
5. Beim Fügen langer Schraubenreihen ist mit der mittigen Mutter zu beginnen.
6. (Selbstlösen der Mutter)
7. (Gestanzte Löcher)
8. (Falsch gebohrte Löcher)

Aus dem Netzplan einer Dachkonstruktion sind zu entnehmen:
Stützweite mit 12 m, Höhe des Bauteile mit 1 800 mm und Abstände zwischen den einzelnen Knotenpunkten.

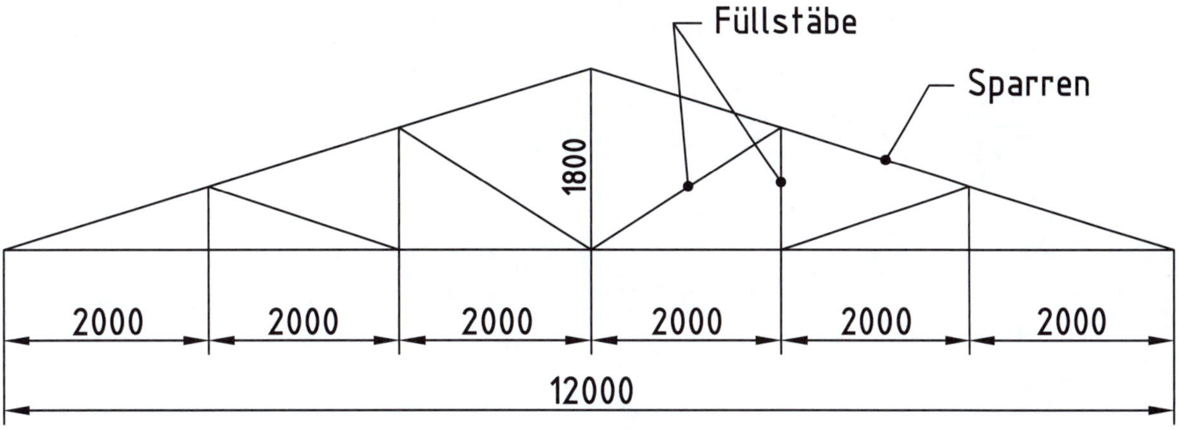

Aufgaben: Berechnen Sie

1. die Länge (in mm) des Sparrens,
2. die Abstände (in mm) der Knotenpunkte am Sparren,
3. die Länge (in mm) der Füllstäbe,
4. die Dachneigung (in °)
5. Tragen Sie alle Lösungswerte in die Skizze ein.

Konstruktionsmechanik	Datum:	**Herstellen von Konstruktionen aus Profilen**	Lernfeld 10
Name:	Klasse:	***Schweißverbindungen im Stahlbau***	**6**

Als Beispiel einer Schweißverbindung wählen wir aus dem Netzplan den Knotenpunkt I.
Ordnen Sie der Skizze zu: Auflagedruckplatte, Abschlussstegblech, Untergurt, L-Stahlausklinkung, Obergurt.

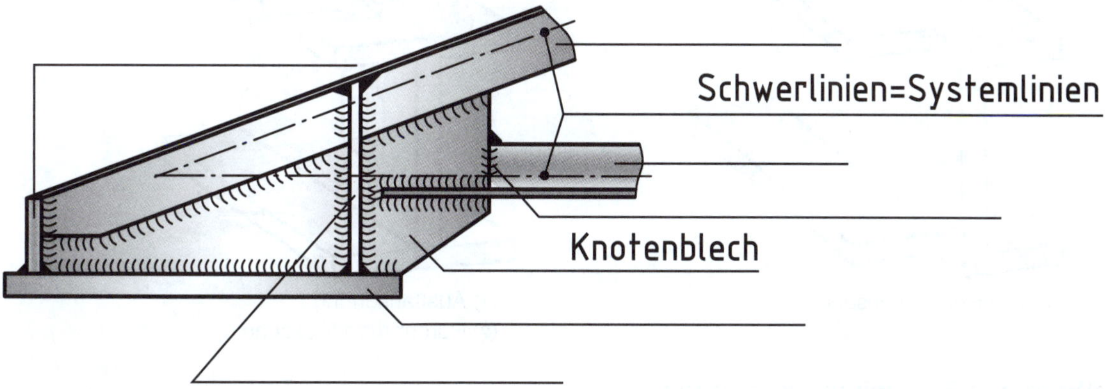

A. Herstellung

Beschreiben Sie mithilfe der Stichwörter die Herstellung.

1. (Sägen, Scheren) ______
2. (Knotenblech) ______
3. (Aufrüsten der Bauteile) ______

   ______
4. (Schweißen) ______

   Es wird von zwei Schweißern symmetrisch von innen nach außen geschweißt.
5. (Prüfen) ______

B. Profilbearbeitung durch Scheren und Brennschneiden

Scharfe Ecken und Kerben sind wegen möglicher Rissbildung zu vermeiden. Scharfkantige Ecken neigen zur Kerbwirkung. Durch Abrundungen (z. B. Bohrungen) wird diese vermindert.

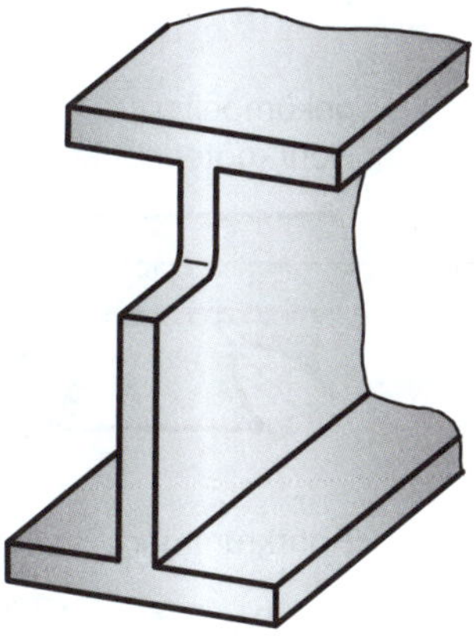

einfache Ausklinkung

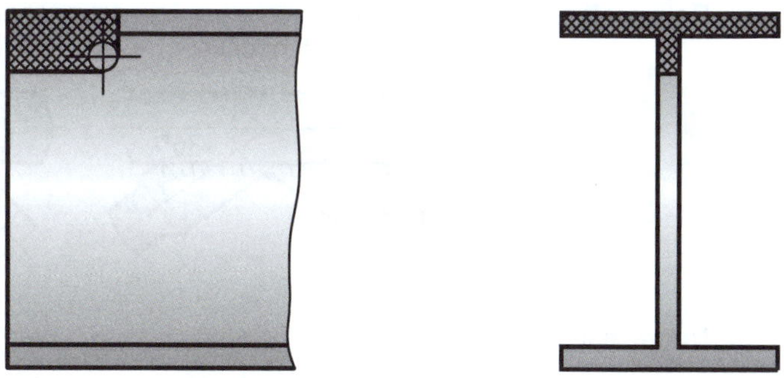

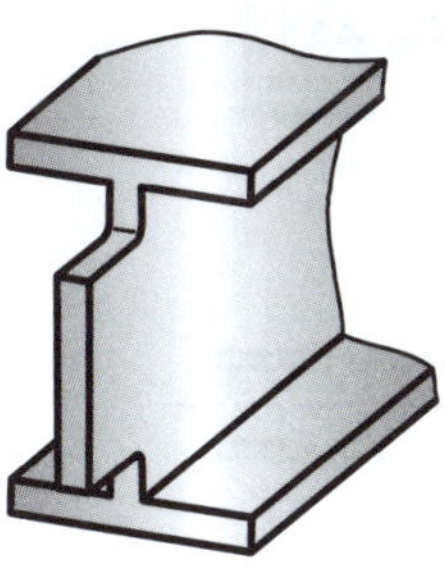

doppelte Ausklinkung

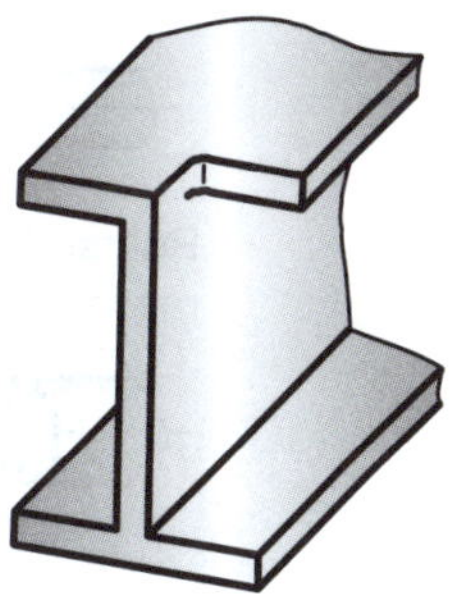

einseitige Abflanschung

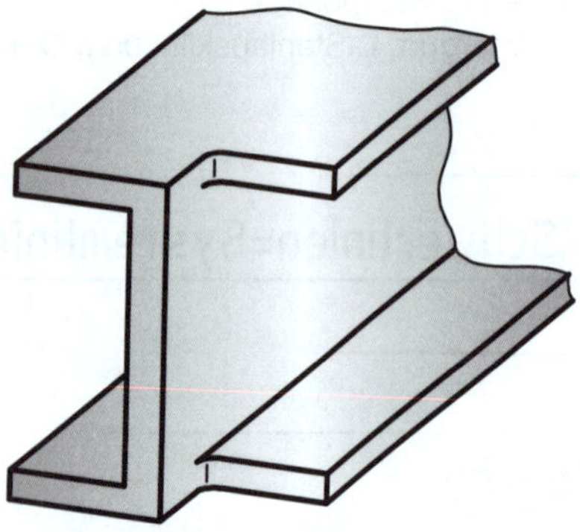

beidseitige Abflanschung

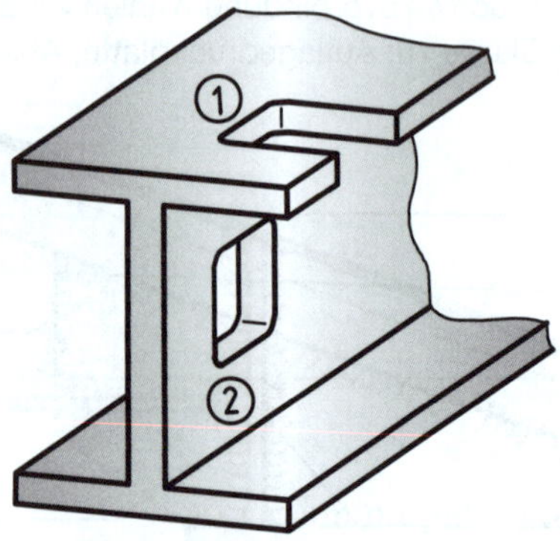

① Ausflanschung
② Durchbruch (Ausschnitt)

C. Gestaltung von Schweißverbindungen

1. Geschweißte Rohrkonstruktionen

Vergleichen Sie Stahlrohre mit Vollprofilen. Ergänzen Sie die folgenden Stichwörter und ordnen Sie ein:
Gewicht, Widerstandskraft, Materialkosten, Aussehen, Korrosionsschutz.

Vorteile des Stahlrohrs

Nachteile des Stahlrohrs

a) Rohranschlüsse

flaches Rohrende

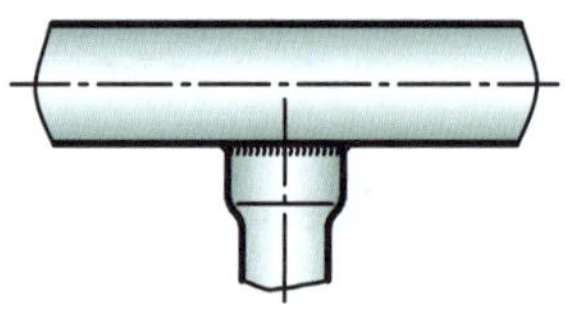

angepasster Rohranschluss

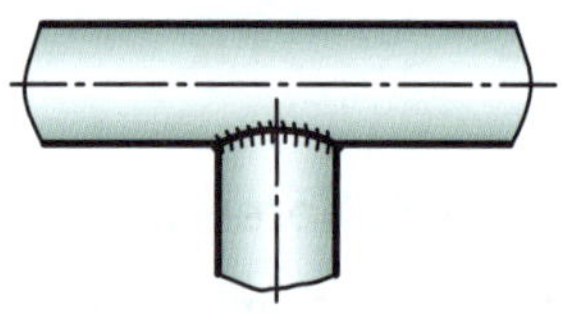

Hosenrohranschluss

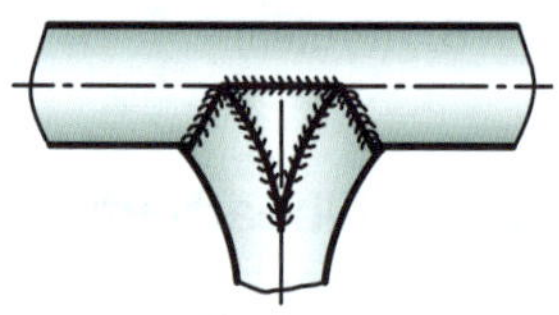

Belastung:

Kosten:

b) Rohrknotenpunkte

flacher Rohrknotenpunkt

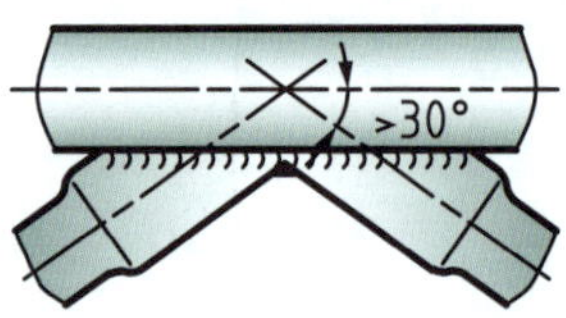

angepasster Rohrknotenpunkt

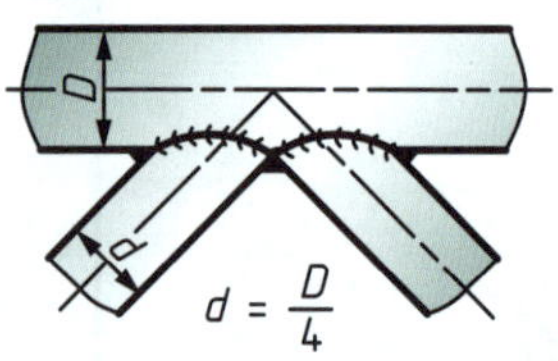

gekümpelter Rohrknotenpunkt

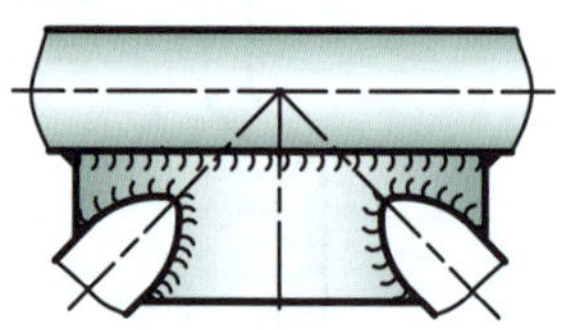

c) Rohreckstöße

einfacher Eckstoß

versteifter Eckstoß

Rohrkrümmer

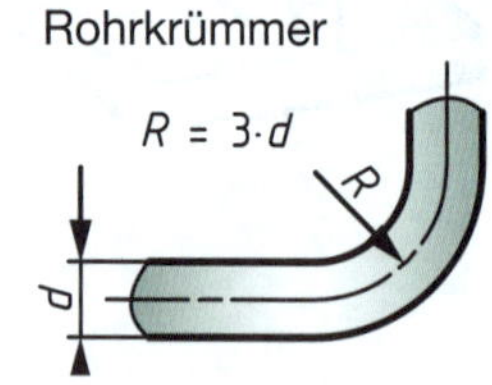

d) Rohrstöße

Rohrstoß mit Innenhülse

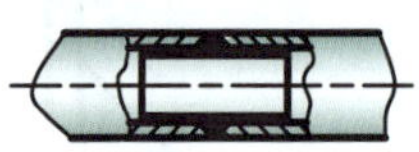

einfacher Rohrstoß

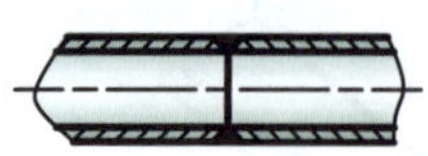

Rohrstoß mit Flansch

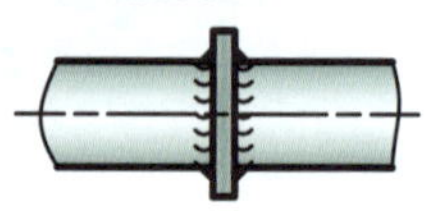

Belastung:

Zentrierung:

2. Geschweißte Profilkonstruktionen

Kräfte werden von den Metallionen weitergeleitet. Da sie linienartig angeordnet sind, nennt man sie Kraftlinien.

Aufgabe: Zeichnen Sie in die vier Skizzen den Verlauf der Kraftlinien ein.
Beurteilen Sie den Kraftlinienverlauf (günstig – ungünstig).

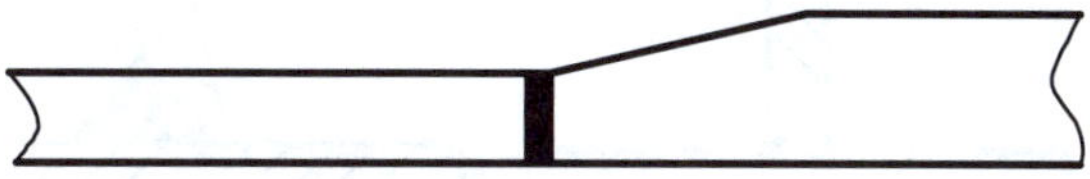

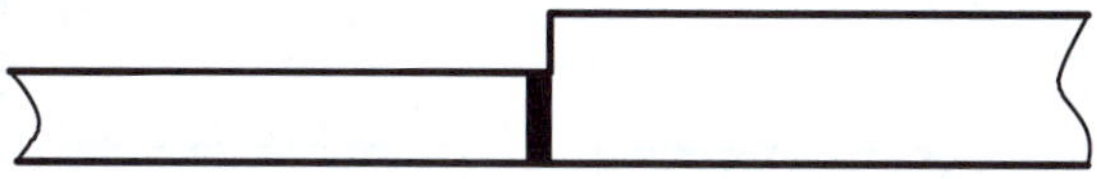

Erkenntnis:

Die folgenden Skizzen zeigen Schweißverbindungen. Verbessern Sie diese.

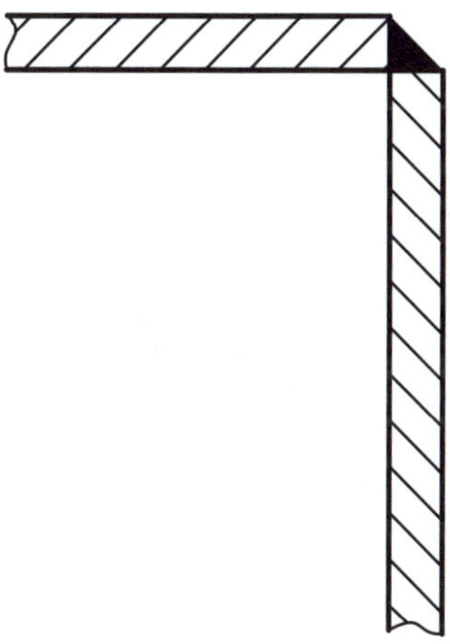

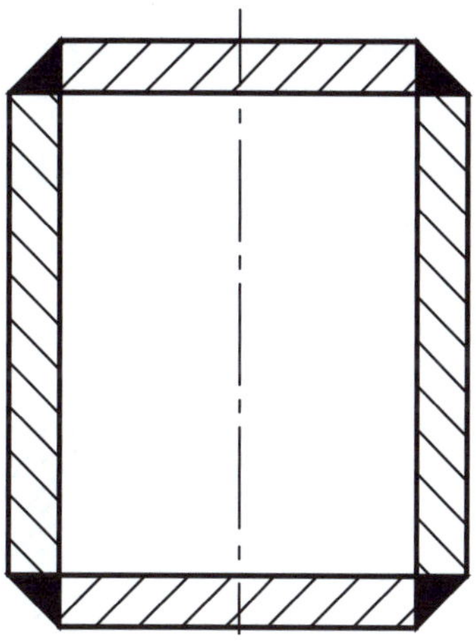

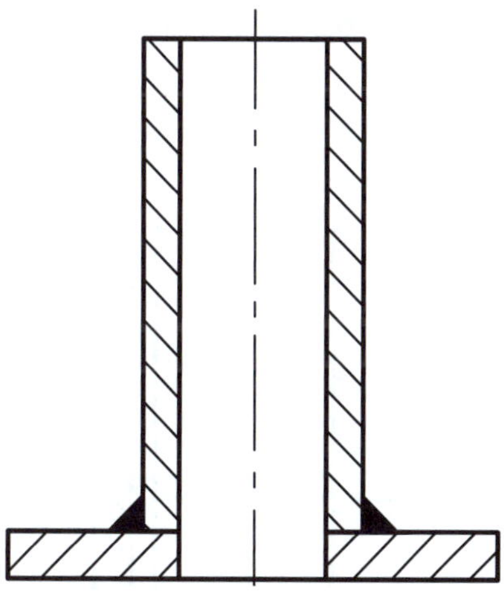

Konstruktionsmechanik	Datum:	Herstellen von Konstruktionen aus Profilen	Lernfeld 10
Name:	Klasse:	*Schweißverbindungen im Stahlbau*	6

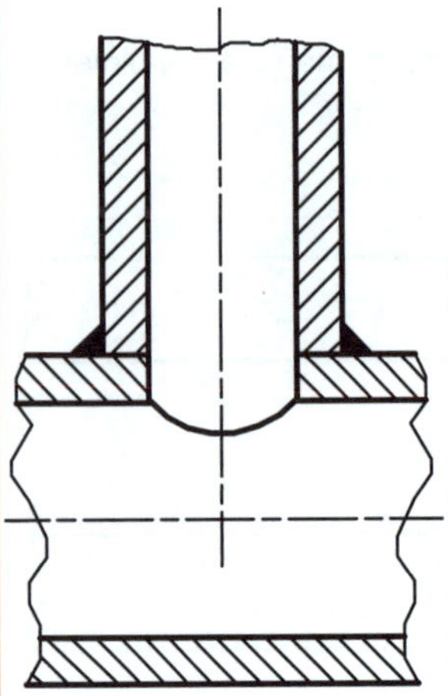

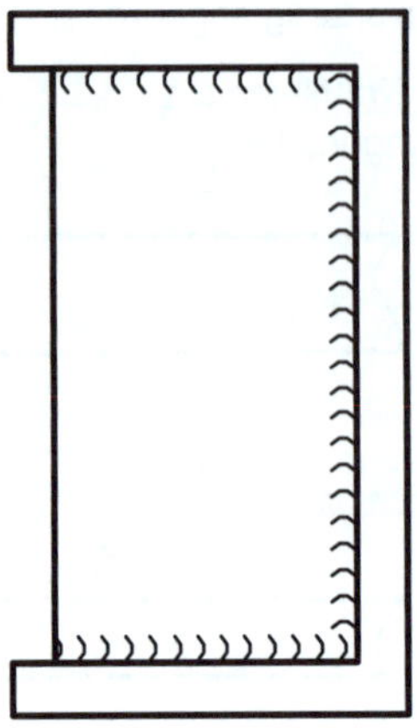

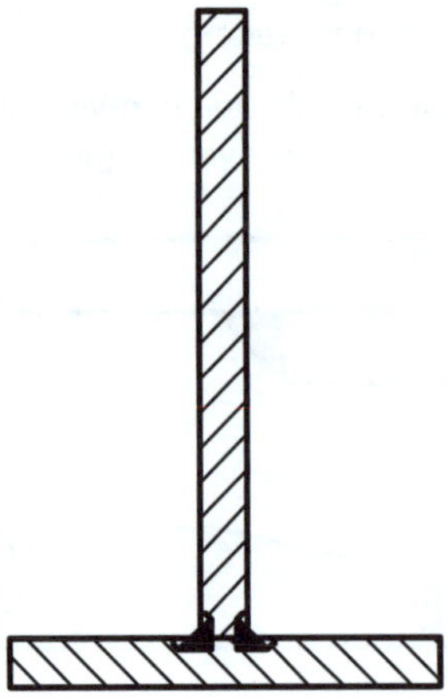

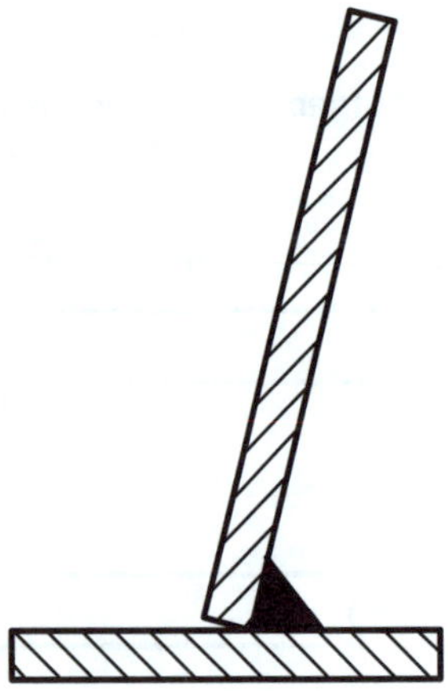

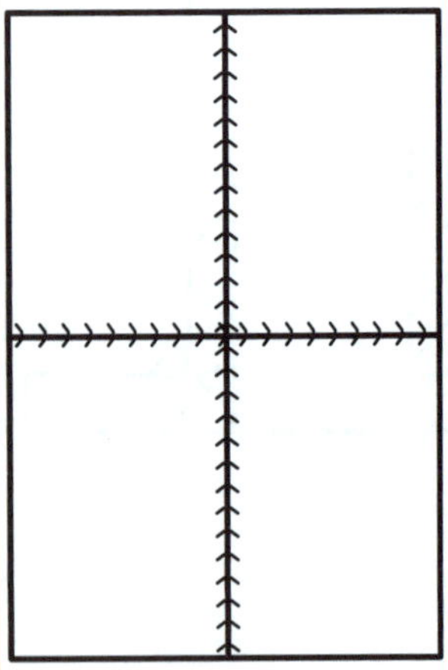

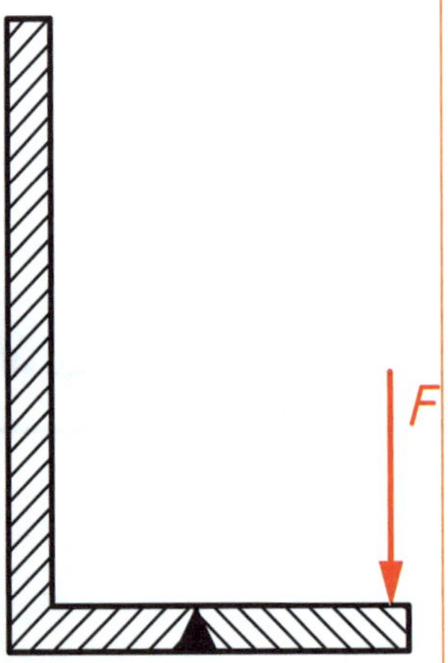

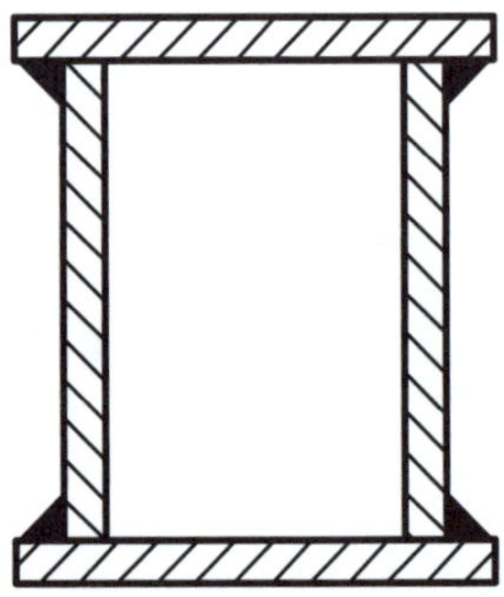

Winkelstahl wird an ein Knotenblech angeschweißt. Die ständig wirksame charakteristische Kraft F_K beträgt 80 kN.

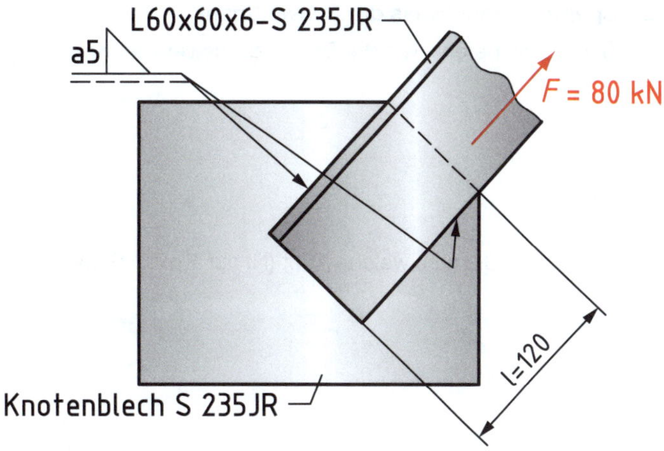

Berechnen Sie:

1. die tragende Schweißnahtlänge l (mm),
2. den Spannungsquerschnitt A_W (mm^2).
3. Führen Sie für die Schweißnaht den Spannungsnachweis durch.

1. Tragende Schweißnahtlänge l

Schweißnähte haben einen Anfangs- und einen Endkrater. Dadurch wird die Schweißgüte gemindert. Aus diesem Grund wird von der Schweißnahtlänge L die doppelte Nahtdicke abgezogen.

l = ______________

L = Schweißnahtlänge
a = Nahtdicke

2. Spannungsquerschnitt A_w

Im Stahlbau werden Profile mit Stumpf- oder Kehlnähten verschweißt.

Stumpfnaht	**Kehlnaht**
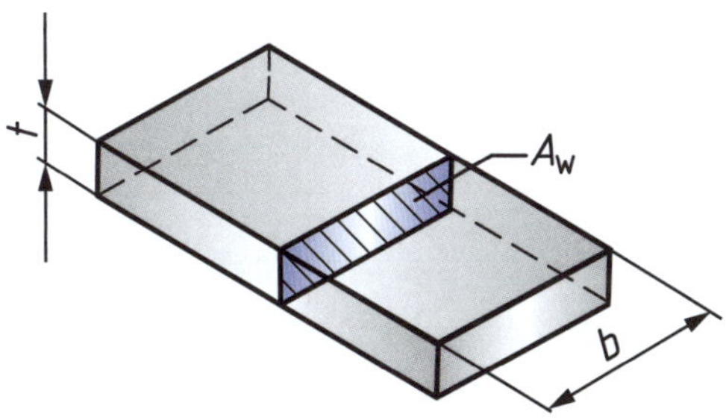	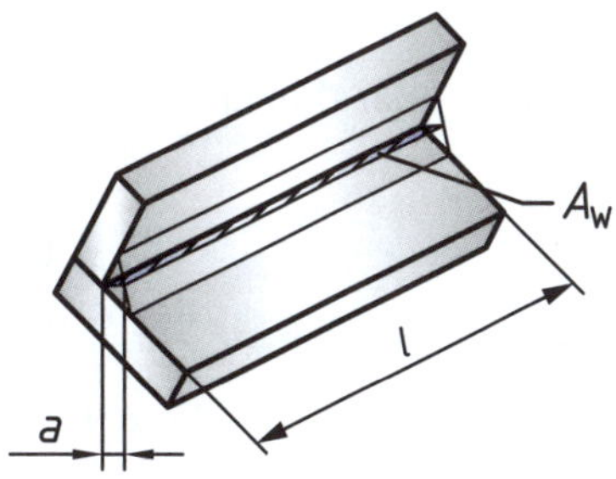
Die Querschnittfläche ist ein	
______________ Länge: ______ Breite: ______	______________ Länge: ______ Breite: ______
A_w = ______________	A_w = ______________

3. Spannungsnachweis der Schweißnaht

Sie wissen bereits, wie der Bemessungswert der Kraft $F_{S,\,d}$ berechnet wird:

$F_{S,\,d}$ = ______________________

$F_{S,\,d}$ = ______________________

$F_{S,\,d}$ = ______________________

Berechnen Sie nun, welche Kraft (N) auf 1 mm² Schweißnaht-Querschnittsfläche entfällt:

Dieser Wert heißt Schweißzugspannung $\sigma_{w,\,S,\,d}$:

$\sigma_{w,\,S,\,d}$ = ______

Die errechnete Schweißzugspannung darf eine bestimmte Grenze, die Grenzschweißzugspannung $\sigma_{w,\,R,\,d}$, nicht überschreiten:

Schweißzugspannung ______ Grenzschweißzugspannung

$\sigma_{w,\,S,\,d}$ ______ $\sigma_{w,\,R,\,d}$

Die Grenzwertzugspannung wird mit folgender Formel berechnet:

$$\sigma_{w,\,R,\,d} = \frac{\alpha_w \cdot f_{y,\,k}}{1{,}1}$$

α_w = Beiwert für Grenzschweißspannung
$f_{y,\,k}$ = Mindeststreckgrenze R_e
1,1 = Beiwert für Widerstand

Der Beiwert für die Grenzschweißspannung α_w wird Tabellen entnommen:

Kehlnaht (Zug oder Druck)		**Stumpfnaht (Zug)**	
Werkstoff	α_w	**Werkstoff**	α_w
S 235 JR	0,95	S 235 JR	0,5
S 355 JO	0,80	–	–

$\sigma_{w,\,R,\,d}$ =

$\sigma_{w,\,R,\,d}$ =

$\sigma_{w,\,R,\,d}$ =

Vergleichen Sie nun:

$\sigma_{w,\,S,\,d}$ = ______________ ⟷ $\sigma_{w,\,R,\,d}$ = ______________

Erkenntnis: ____

1. Aufgabe:

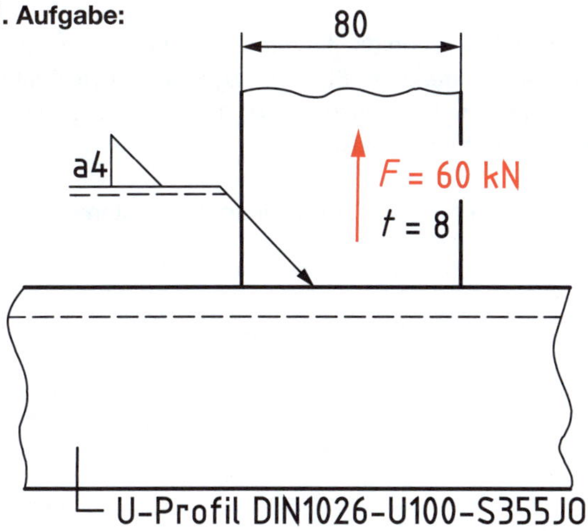

Ein Flachstahl aus S 355 J0 wird durch eine einseitige Kehlnaht mit einem U-Stahl (S 355 J0) verschweißt und muss bis 60 kN übertragen. Es wirkt mehr als eine veränderliche Kraft.

Berechnen Sie:

a) die tragende Schweißnahtlänge l,
b) den Spannungsquerschnitt A_w,
c) den Bemessungswert der Kraft $F_{S,d}$,
d) die Grenzschweißzugspannung $\sigma_{w,R,d}$.
e) Der Nachweis der Tragsicherheit kann auch mithilfe der Kräfte erfolgen.
Dabei gilt: $F_{S,d} \leq F_{w,R,d}$.

2. Aufgabe:

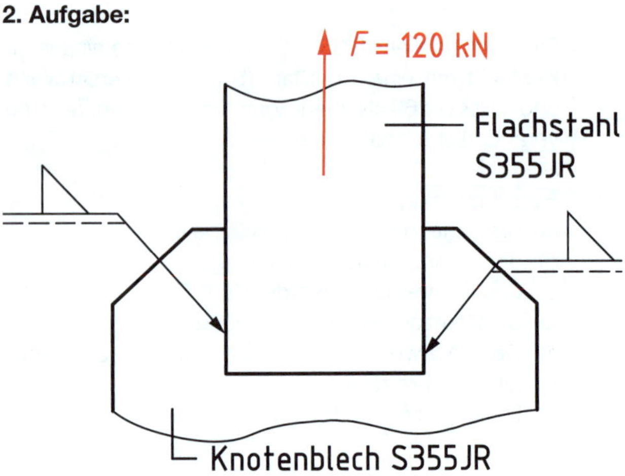

Flachstahl wird beidseitig mit Kehlnähten an ein Knotenblech angeschweißt. Die tragende Schweißnahtlänge *l* beträgt insgesamt 160 mm. Die ständig einwirkende Kraft ist 120 kN.

Wie dick (mm) muss die Kehlnaht mindestens sein?

Träger sind meist waagrecht gelagert und tragen Lasten. Sie nehmen die Kräfte auf und leiten sie zu den Auflagern.

Trägerbelastungen (Kräfte)		
Umwelt	**Erdanziehung**	**Nutzung**

Trägerarten

A. Trägerarten nach ihrer Verwendung

Ordnen Sie den Skizzen zu:
Kranträger, Bühnenträger, Dachträger, Montageträger, Brückenträger.

____________________-Träger

____________________-Träger

____________________-Träger

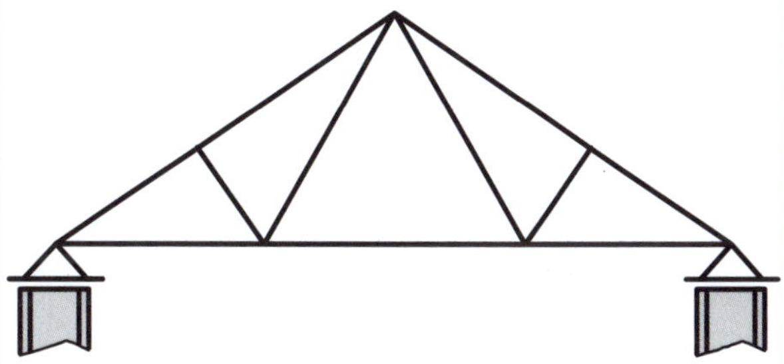

____________________-Träger

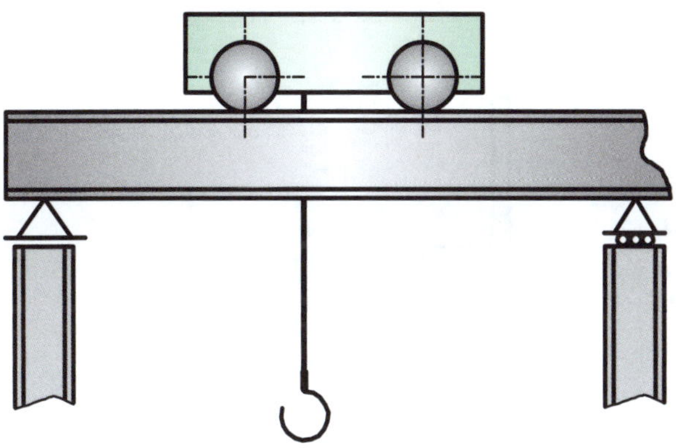

____________________-Träger

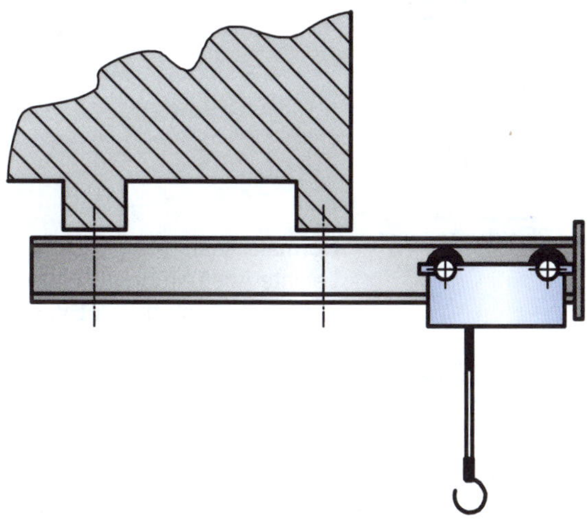

B. Trägerarten nach ihrer Form

Ordner Sie zu den Skizzen:
Geknickter Träger, schräger Träger, gerader Träger, gebogener Träger, Frei- oder Kragträger.

______ Träger	______ Träger	
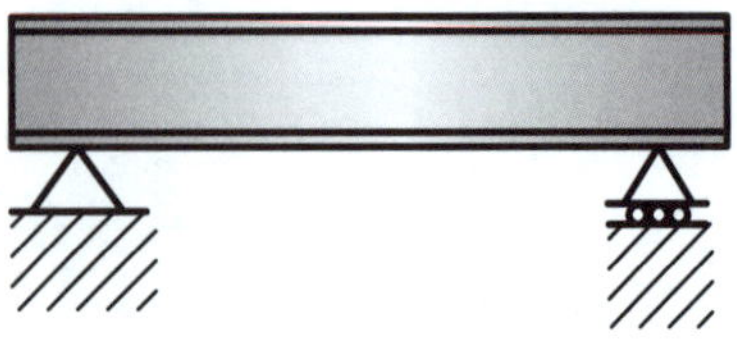	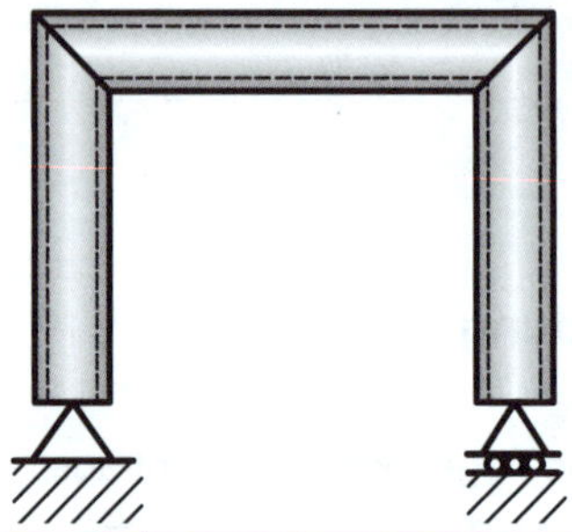	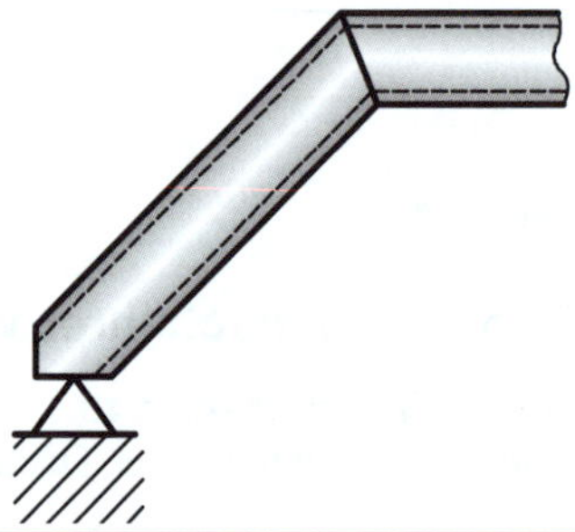
	Rahmenträger	Treppenträger

______ Träger	______ Träger	______ Träger
	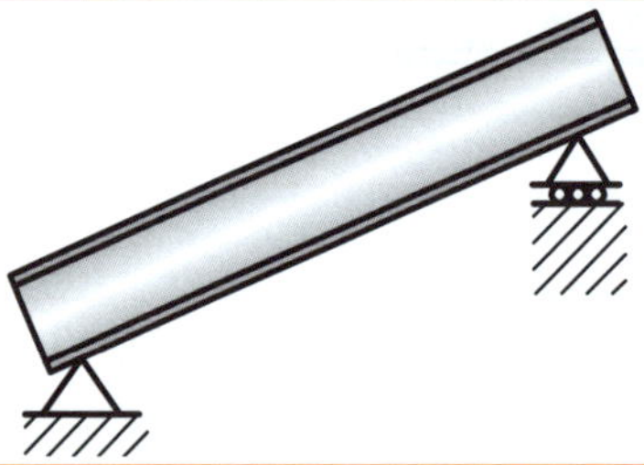	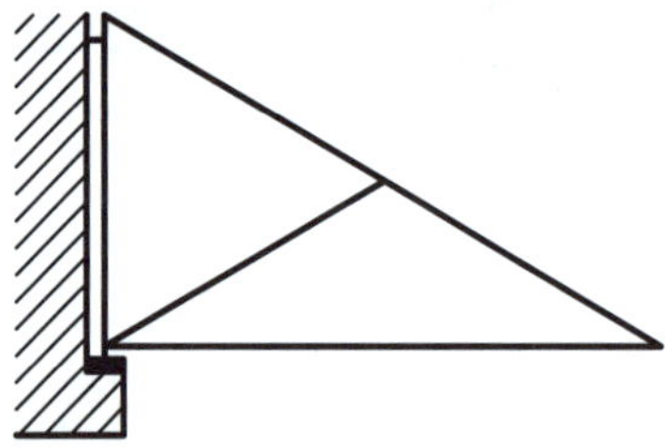

C. Trägerarten nach ihrem Profil

Walz- oder Vollwandträger (Auswahl)	
Formstähle, Höhe > 80 mm	**Stabstähle, Höhe < 80 mm**
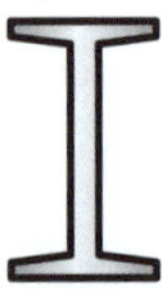	
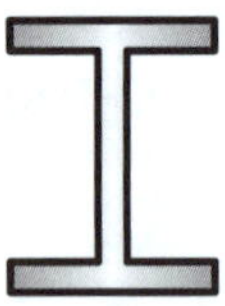	
 Normale Ausführung IPB ≙ HE-B Leichte Ausführung IPB1 ≙ HE-A Verstärkte Ausführ. IFBv ≙ HE-M	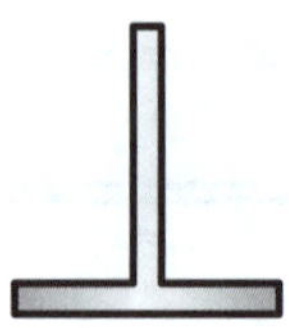
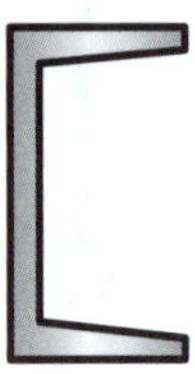	

In technischen Darstellungen müssen Kurzbezeichnung, Länge und Positionsnummer (doppelte Schrifthöhe) angegeben werden.

Beispiel: IPE 300-4 020. 5

Positionsnummer
Länge
Kurzbezeichnung

Wabenträger

normale Ausführung

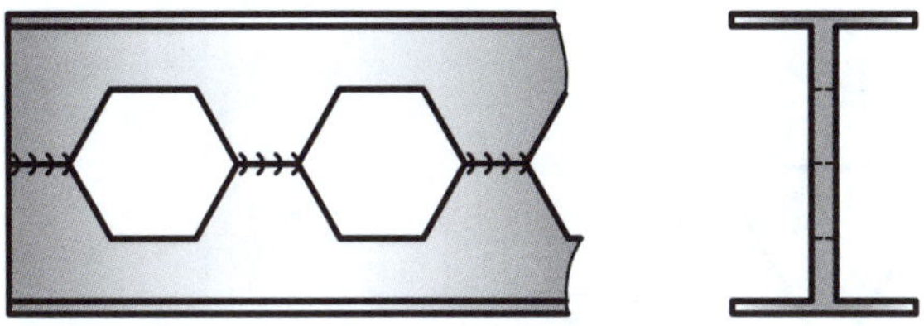

höhere Ausführung

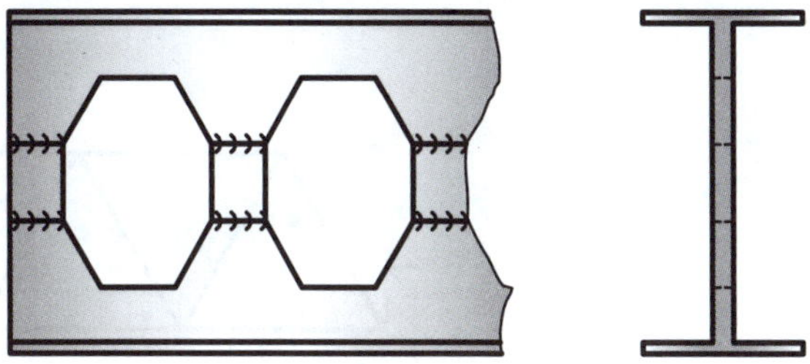

Nennen Sie Vorteile der Wabenträger.

Stegblechträger		Kastenträger	
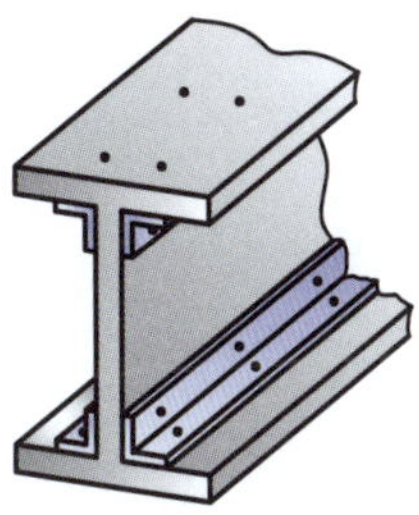	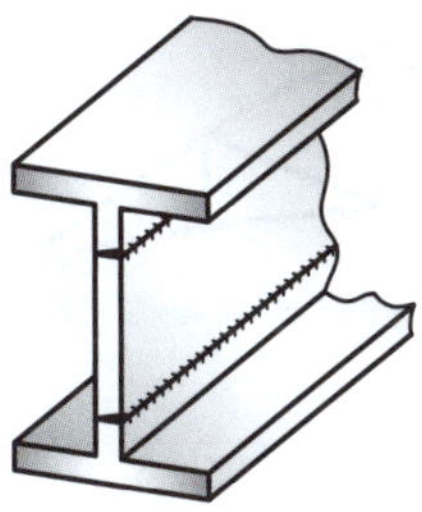	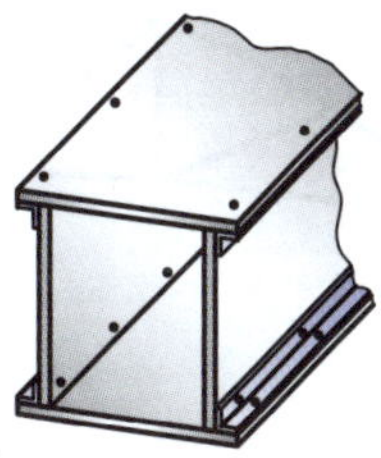	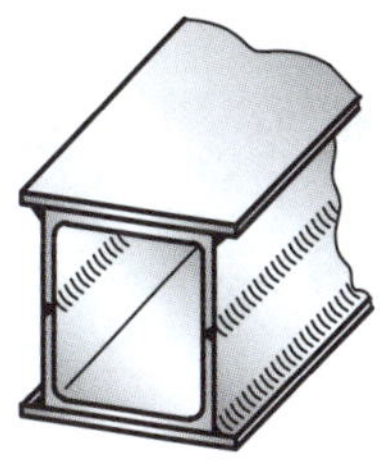
geschraubt	geschweißt	geschraubt	geschweißt

Fachwerkträger

Fachwerkträger sind Metallkonstruktionen, die aus einzelnen Profilen bestehen und in den Knotenpunkten miteinander verbunden werden.

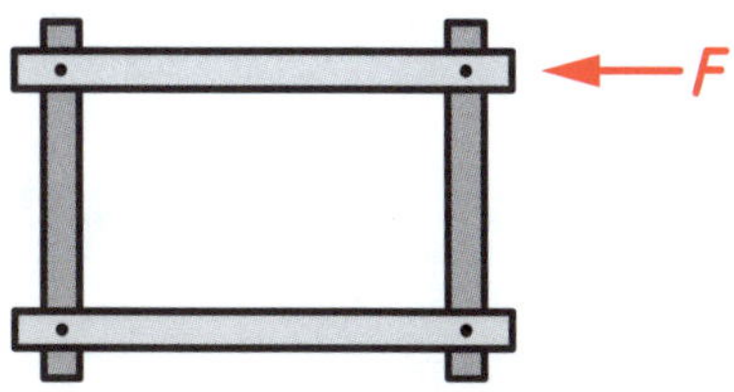

Auf das Viereck wirkt die Kraft *F*.

Skizzieren Sie das Viereck nach Einwirkung der Kraft.

Ergebnis: ______________________

Aufgabe: Skizzieren Sie eine Form, die stabil bleibt.

Grundlage im Fachwerkbau ist der ____________ -Verband.

Er besteht aus den Knotenpunkten ______, ______, ______

und den Profilstäben ______, ______, ______.

Profilstäbe ______, ______, … → Obergurt

Profilstäbe ______, ______, … → Untergurt

Profilstäbe ______, ______, ______,

______, ______, … → Füllstäbe

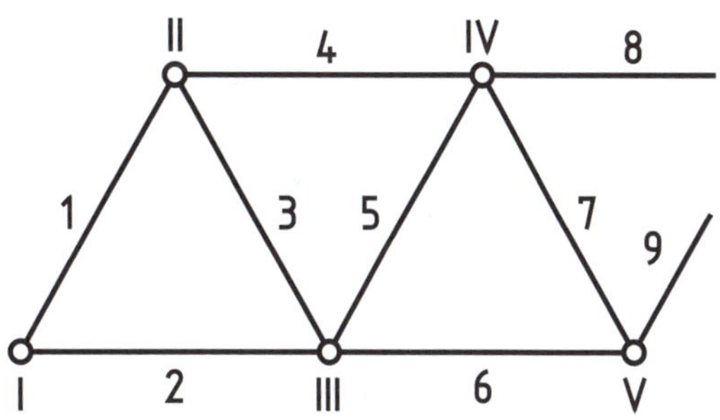

Die einzelnen Profilstäbe übertragen nur Zug- oder Druck-Kräfte.

Vorteile: ______________________

____

Bauformen der Fachwerkträger

Ordnen Sie die aufgeführten Trägerarten den Skizzen zu:
Sichelträger, Rohrträger, Parallelträger, Parabelträger, Dreieckträger, Trapezträger.

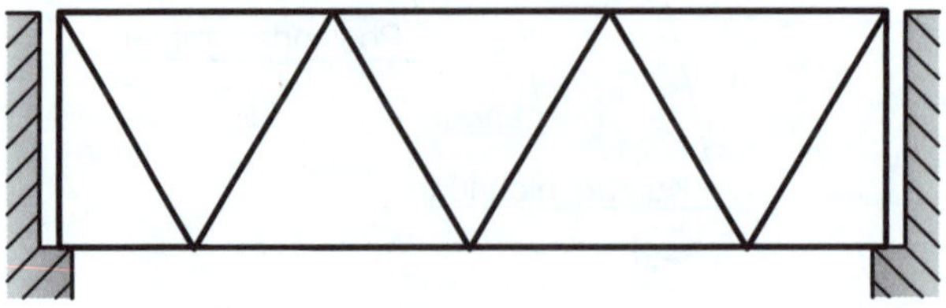

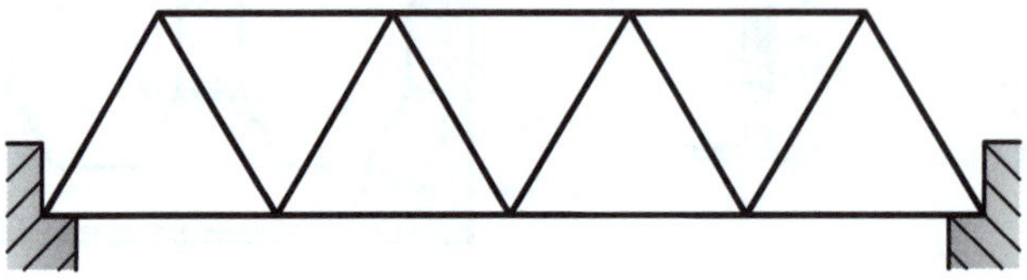

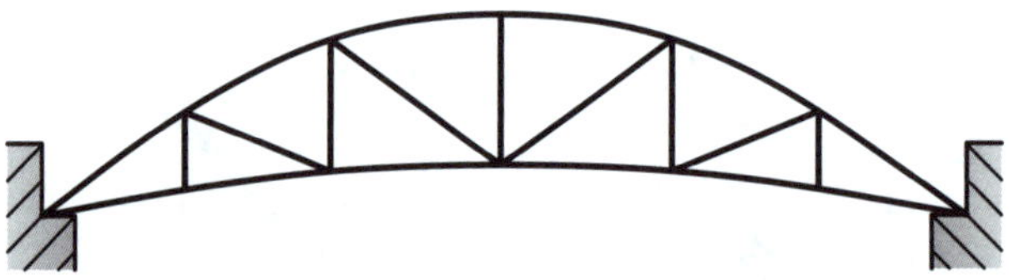

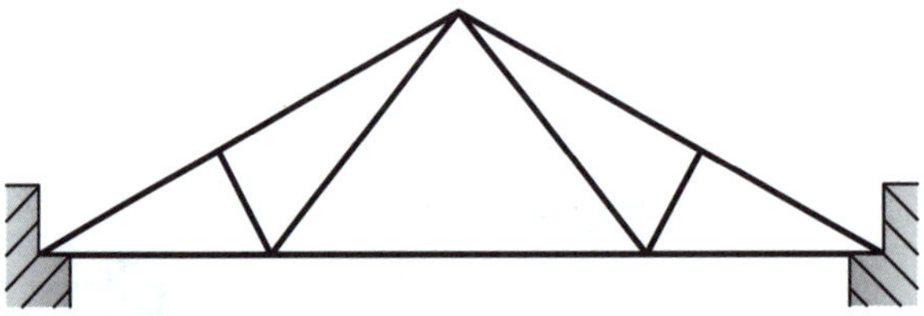

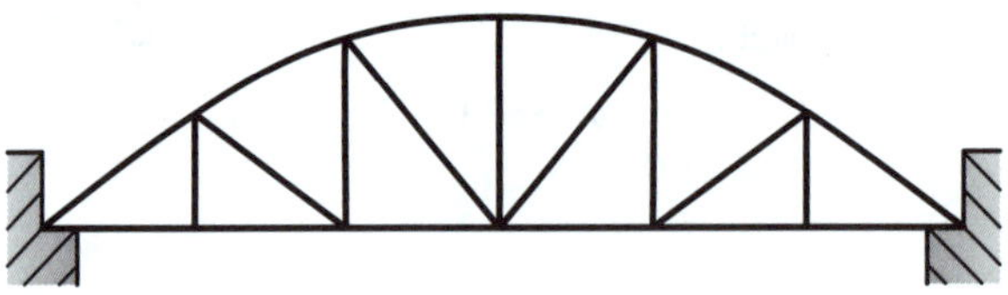

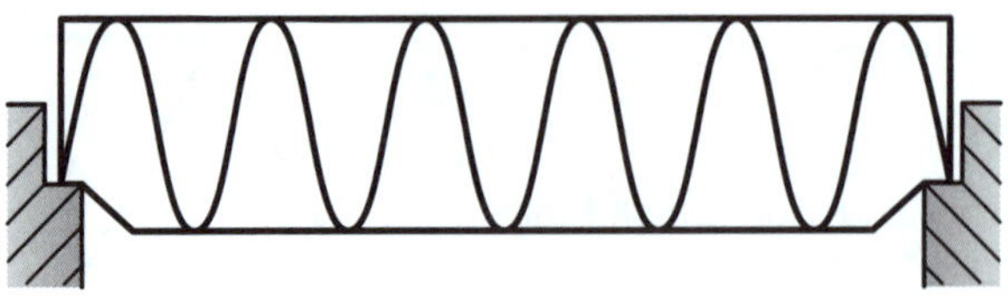

Wird ein Trägerende an einem Stahlprofil befestigt, so bezeichnet man dies als Trägeranschluss.
Die Profilausschnitte können in Form und Größe verschieden sein. Nur die Trägerstege werden mit Winkelprofilen, Flachstählen oder Laschen verbunden.

Die Anschlussgestaltung ist abhängig:

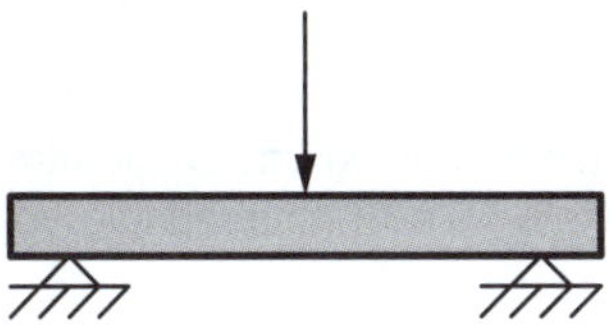	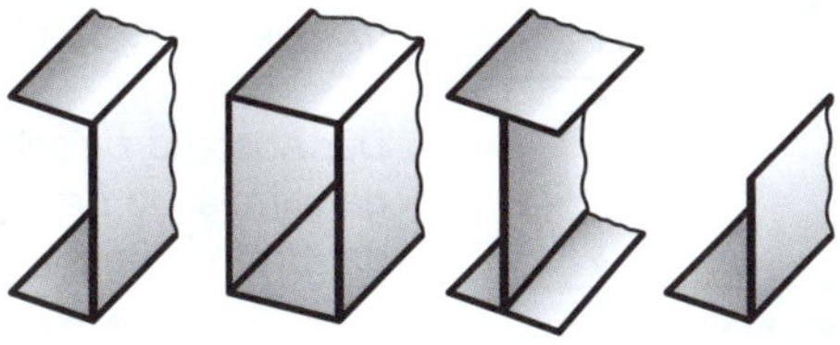	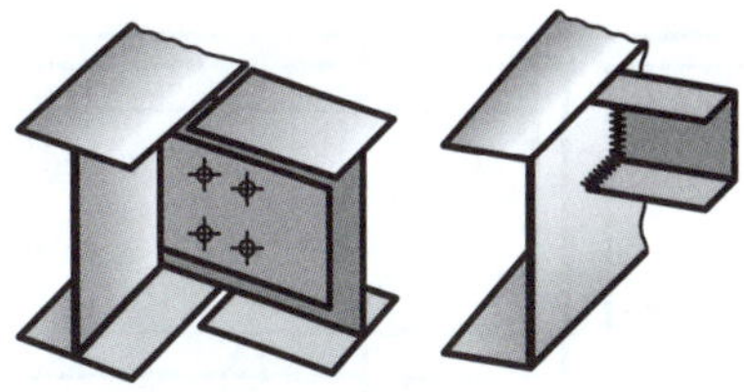
von der	vom Profil-	von der Träger-

A. Geschraubter Trägeranschluss

1. Bündigkeit

bündiger Anschluss	oben bündiger Anschluss
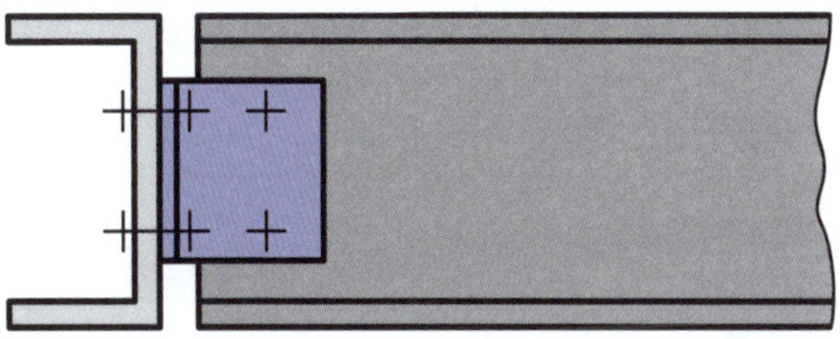	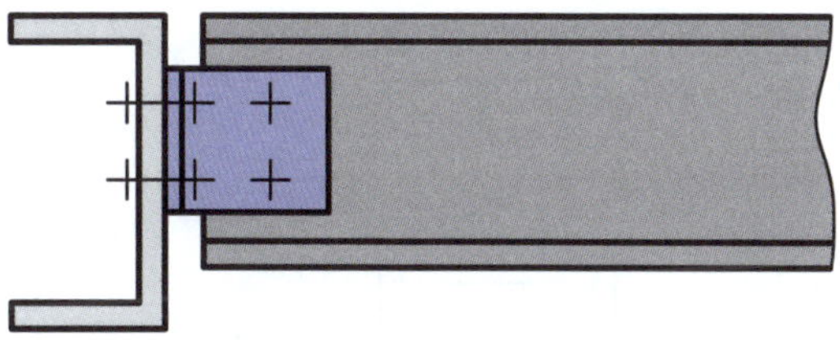
unten bündiger Anschluss	nicht bündiger Anschluss
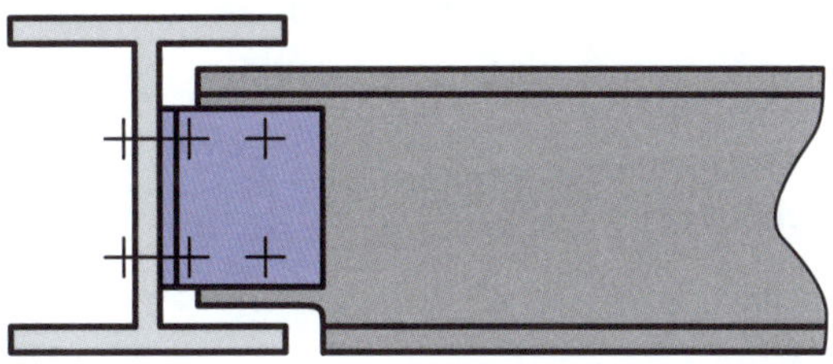	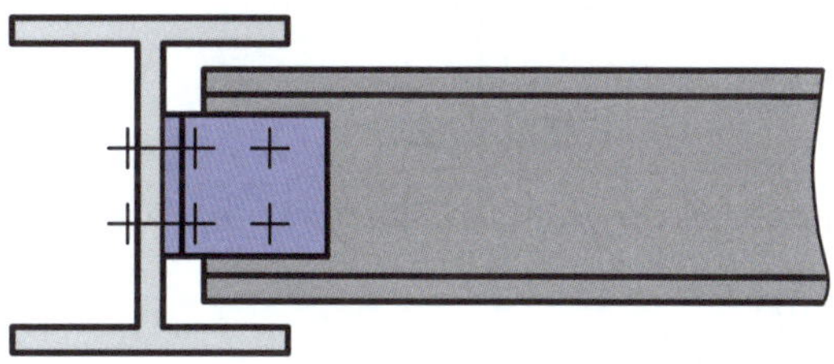

2. Eckabrundungen bei Ausklinkungen

große Profilhöhe	geringe Profilhöhe
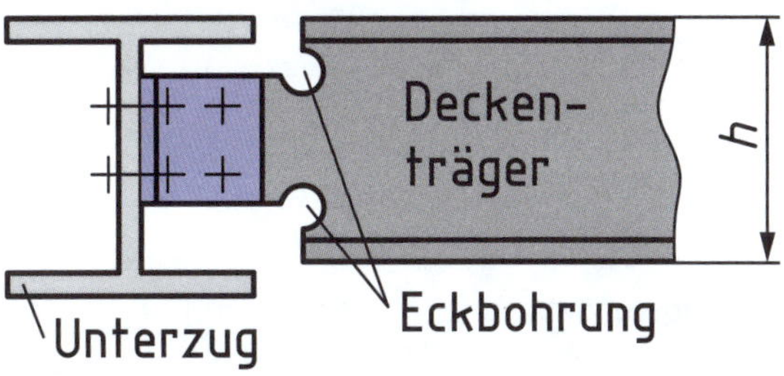	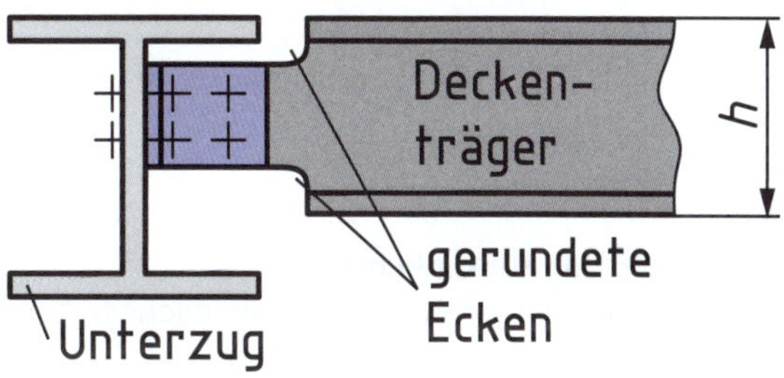
Höhe des Deckenträgers $h \geq 200$, Eckbohrung ∅ 17	Höhe des Deckenträgers $h \leq 200$, Eckabrundung $d = 17 \rightarrow r = 8{,}5$

Weshalb dürfen bei Deckenträgern mit geringer Profilhöhe keine Eckbohrungen verwendet werden?

3. Ermittlung der Maße für Trägerausklinkungen

1. Aufgabe: Ein Deckenträger HE 220 B (= IPB 220) soll an einen Unterzug bündig angeschlossen werden. Bestimmen Sie die Anreißmaße *e*, *a* und *d* der Ausklinkungen.

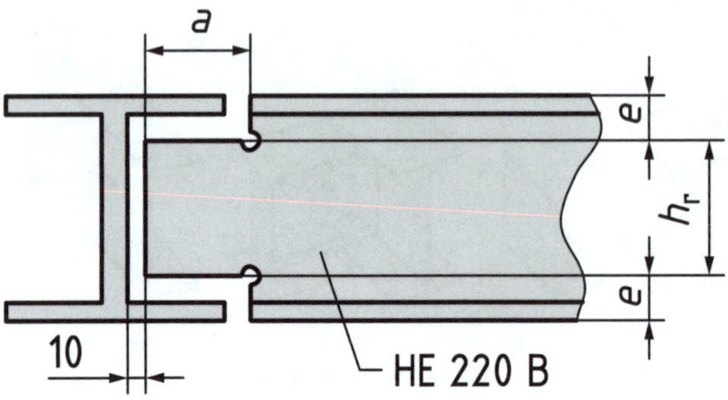

a = Länge der Ausklinkung
e = Höhe der Ausklinkung
h_r = restliche Steghöhe

Der Abstand zwischen Unterzugsteg und Deckenträgerstirnfläche beträgt stets 10 mm, unabhängig von der Profilgröße.

Profil		Profil- oder Nennhöhe (mm)							
		100	120	140	160	180	200	220	240
IPE	$t + r = e$	12,7	13,3	13,9	16,4		20,5	21,2	24,8
	$\frac{b - s}{2} = a$	25,5	29,8	34,2	38,5		47,2	52,1	56,9
IPB (HE-B)	$t + r = e$		23,0	24,0	28,0	29,0	33,0	34,0	38,0
	$\frac{b - s}{2} = a$		56,8	66,5	76,0	85,8	95,5	105,3	115,0

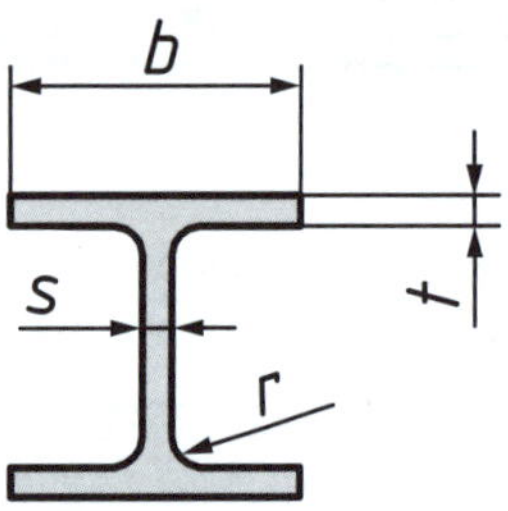

t =

b =

s =

r =

Ergänzen Sie die fehlenden Tabellenwerte. Hilfsmittel: Tabellenbuch.

IPB 100
t = , *b* = , *s* = ,
r =

IPB 180
t = , *b* = , *s* = ,
r =

Anreißmaße der Ausklinkungen

Die Maße *e* und *a* werden stets auf den nächsthöheren 10er-Wert aufgerundet.

	Tabellenwert (mm)	Gerundeter Wert (mm)	Normangabe (cm)
e			
a			
h_r			
d			

Normangabe der Ausklinkungen

	Ausklinkung	Normangabe
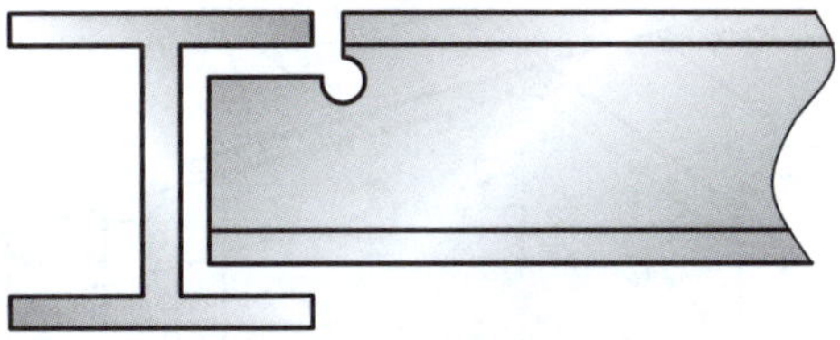	einseitige Ausklinkung mit Eckbohrung Profilhöhe ≧ 200	IK 1
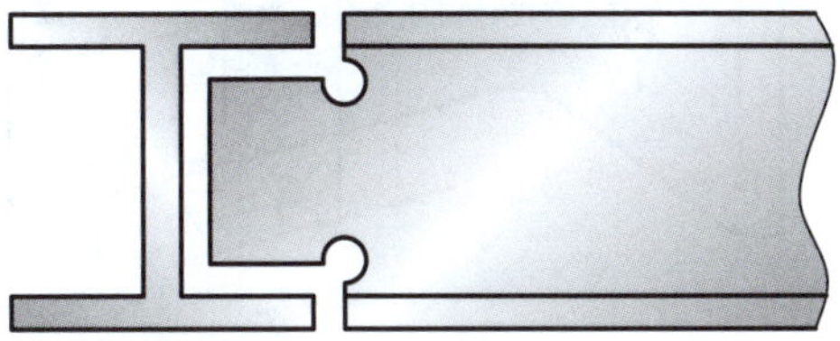	beidseitige Ausklinkung mit Eckbohrung Profilhöhe ≧ 200	IK 2
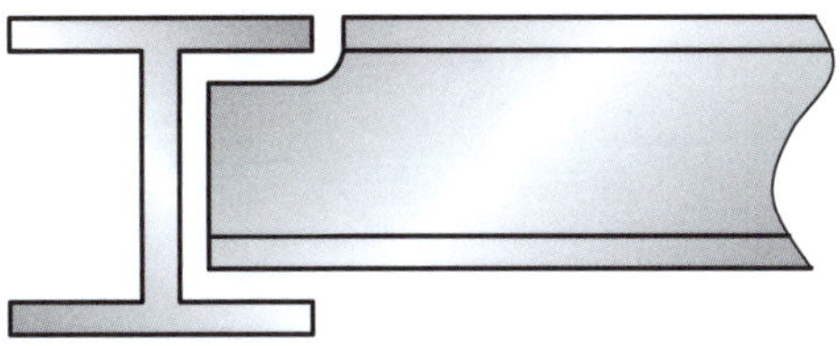	einseitige Ausklinkung mit Eckrundung Profilhöhe ≦ 200	IK 3
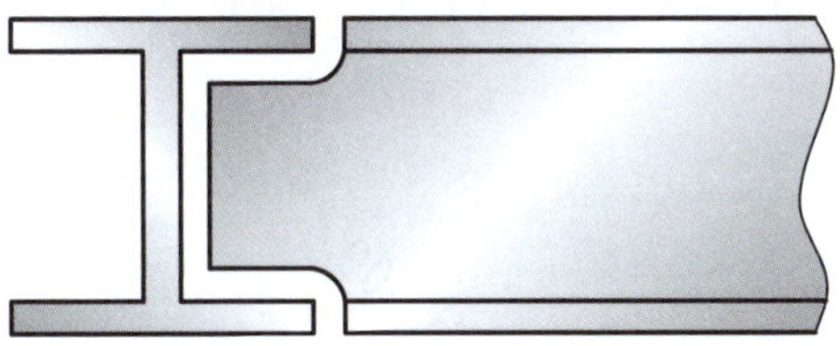	beidseitige Ausklinkung mit Eckrundung Profilhöhe ≦ 200	IK 4

Normangabe für die 1. Aufgabe: ______ ______ ______

e *a*

beidseitige Ausklinkung mit Eckbohrung

2. Aufgabe: Ein Deckenträger IPE 180 soll an einem Unterzug IPE 240 angeschlossen werden. Wie lautet die Normangabe für diese Ausklinkung?

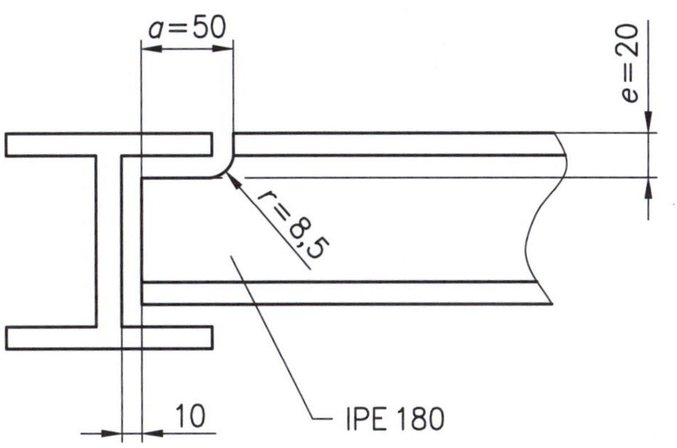

____

____

____

4. Querkraftbeanspruchter Winkelanschluss

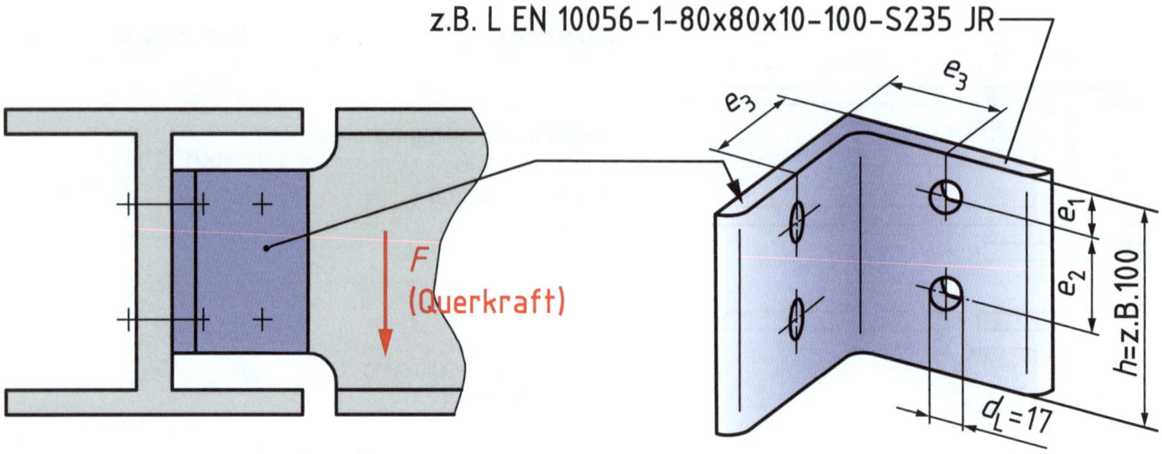

Normangabe:

IW H 16 2 1 — eine senkrechte Schraubenreihe

- 2: zwei waagrechte Schraubenreihen
- 16: Schraubenschaftdurchmesser 16 mm
- H: Schraubenfestigkeit der HV-Verschraubung H = 10.9
- IW: I-Träger (z. B. IPE, IPB usw.), Winkelanschluss

Loch- und Randabstände können je nach Kraftrichtung Tabellenbüchern entnommen werden. Dort finden Sie auch die Belastungskräfte für beidseitige Winkelanschlüsse.

5. Querkraftbeanspruchter Stirnplattenanschluss

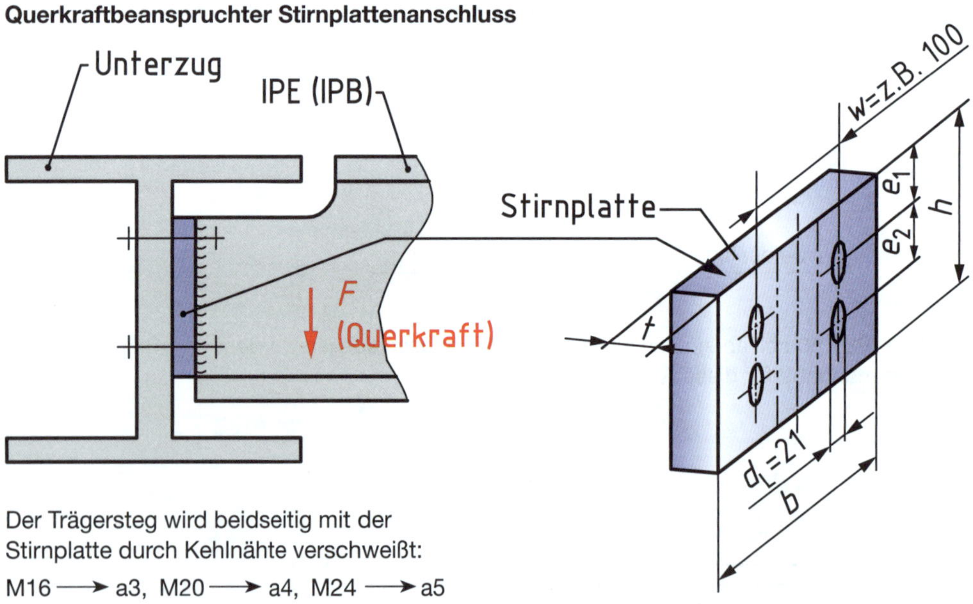

Der Trägersteg wird beidseitig mit der Stirnplatte durch Kehlnähte verschweißt:

M16 ⟶ a3, M20 ⟶ a4, M24 ⟶ a5

Normangabe:

IS H 20 4 10 — waagrechter Schraubenabstand in cm = 100 mm

- 4: Anzahl der Bohrungen
- 20: Schraubenschaftdurchmesser 20 mm
- H: Schraubenfestigkeit der HV-Verschraubung H = 10.9
- IS: I-Träger (z. B. IPE, IPB usw.), Stirnplattenanschluss

Die Stirnplattenmaße und die Belastungskräfte werden ebenfalls Tabellenbüchern entnommen.

t = 10 mm ⟶ M16 bis M20 *t* = 12 mm ⟶ M24

6. Querkraftanschluss an Stützen aus I-Profilen

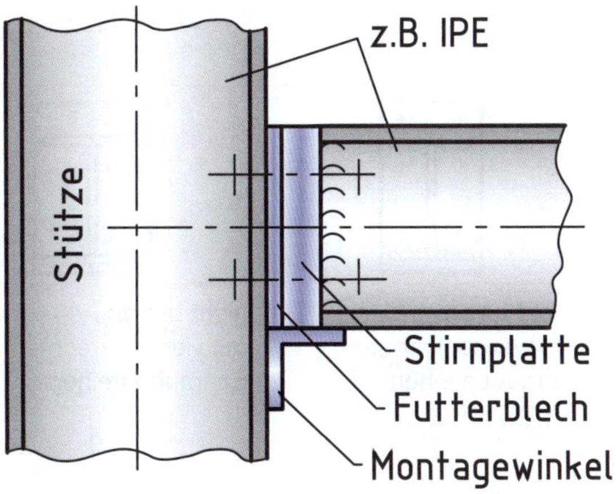

Träger werden an Stützen aus I-Profilen ebenfalls mit Winkel- oder Stirnplatten befestigt. Futterbleche gleichen Maßunterschiede aus. Winkel stützen den Träger während der Montage und erleichtern die Ausführung der Verschraubung. Maße und Normangaben siehe Winkel- oder Stirnplattenanschluss.

7. Querkraftanschluss an Stützen aus Hohlprofilen

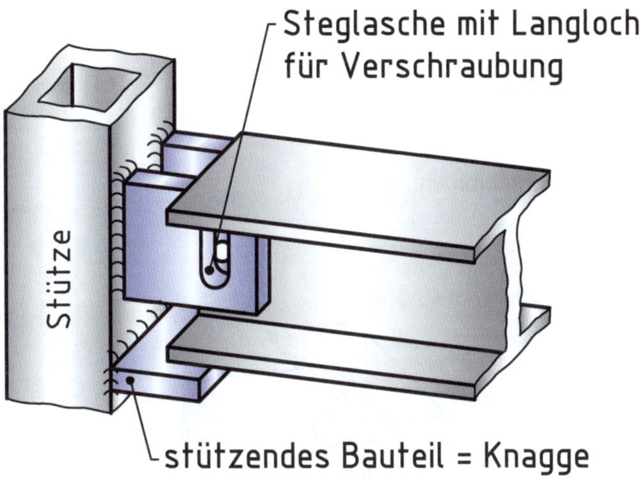

Der Träger liegt auf einem angeschweißten Bauteil auf, welches als Knagge bezeichnet wird. Diese nimmt die Querkräfte auf; die Verschraubung dient nur der Absicherung des Trägers. Die Maße der Knagge werden vom Statiker berechnet.

8. Querkraftbeanspruchter Anschluss an Betonwände

Dafür müssen bereits bei der Herstellung der Betonwände entsprechende Anschlüsse vorgesehen werden.

9. Biegesteife Stirnplattenanschlüsse

Die Stirnplatte dieser Anschlüsse ist mindestens 15 mm dick. Sie wird am gesamten Umfang der Trägerstirnfläche mit Kehlnähten verschweißt und mit HV-Schrauben befestigt.

ohne Rippen	mit Rippen
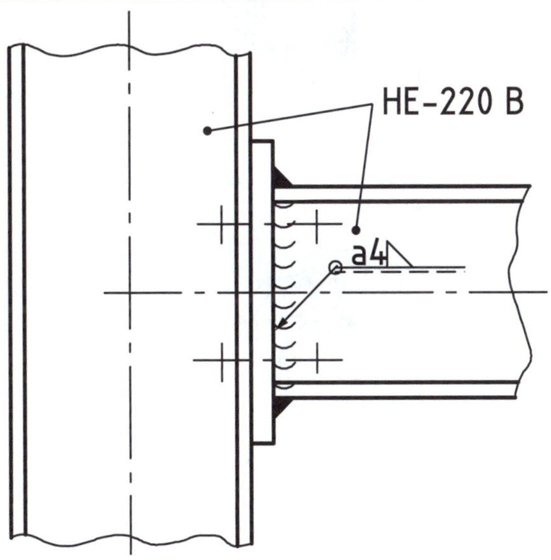	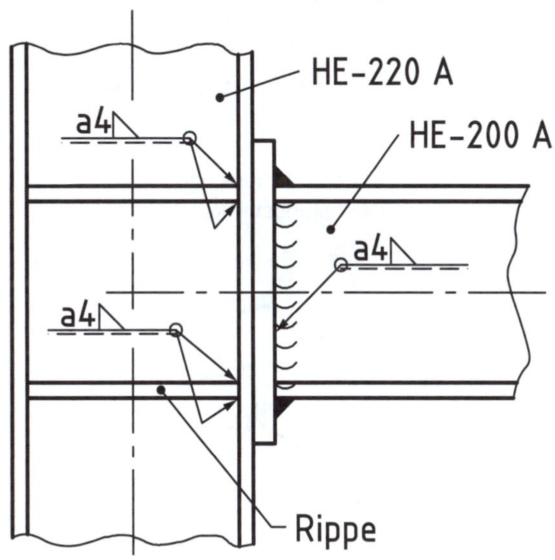

Normangaben

a) Profile IPE ⟶ E, HE-A ⟶ A, HE-B ⟶ B

b) Stirnplattenform

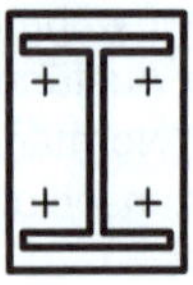	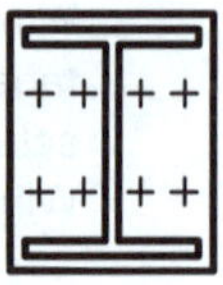	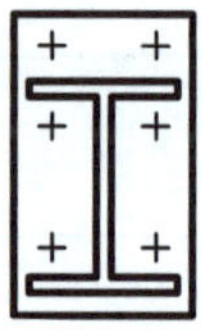	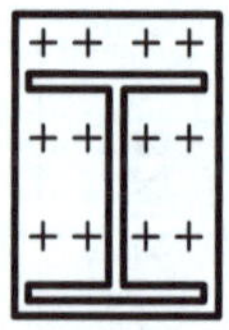
bündig, mit zwei senkrechten Schraubenreihen	bündig, mit vier senkrechten Schraubenreihen	nicht bündig, mit zwei senkrechten Schraubenreihen	nicht bündig, mit vier senkrechten Schraubenreihen
1	2	3	4

IH 3 B 22 20

- 20 — Schraubenschaftdurchmesser in mm
- 22 — Profilhöhe des Trägers in cm
- B — Profil HE-B
- 3 — nicht bündig, mit zwei senkrechten Schraubenreihen
- IH — biegesteifer Trägeranschluss mit HV-Schrauben (10.9)

Alle Maße und Belastungskräfte werden Tabellenbüchern entnommen.

B. Geschweißter Trägeranschluss

1. Trägeranschluss von Profilen

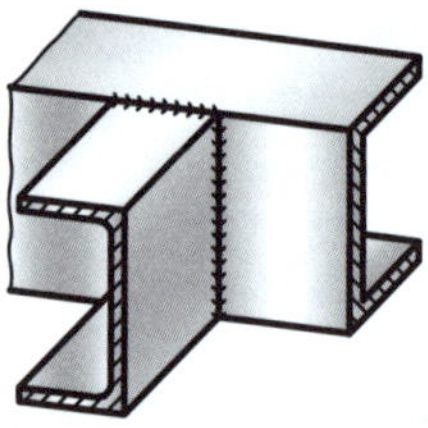

bündiger Anschluss

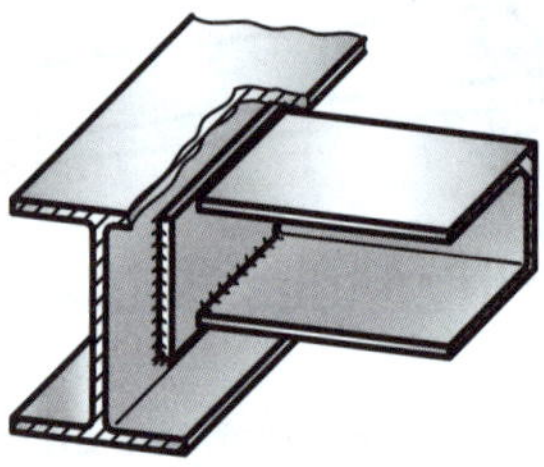

nicht bündiger Anschluss

2. Trägeranschluss von Hohlprofilen

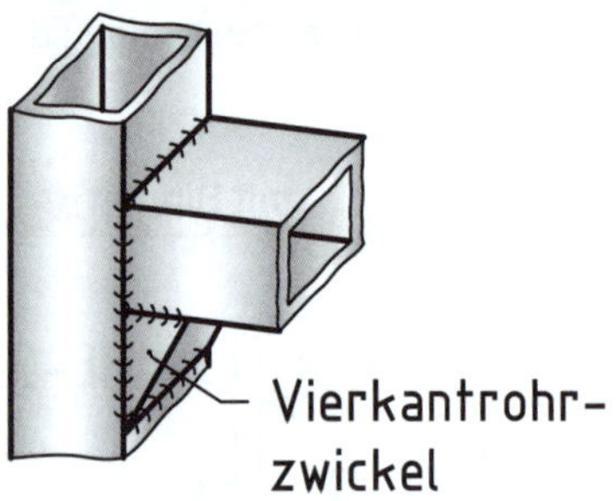

Trägeranschluss mit Versteifungswinkel

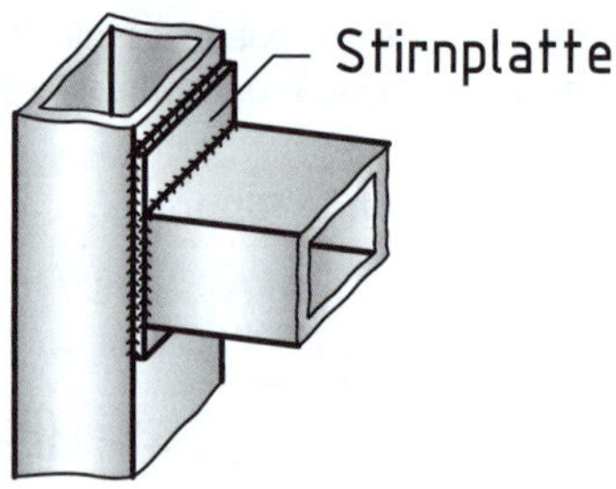

Trägeranschluss mit Stirnplatte

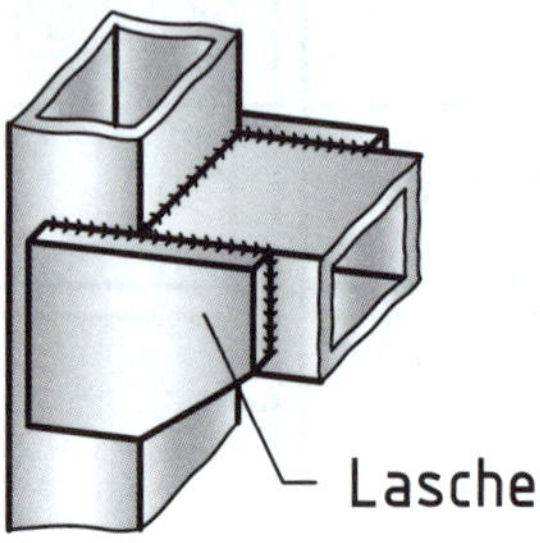

Trägeranschluss mit aufgesetzten Laschen

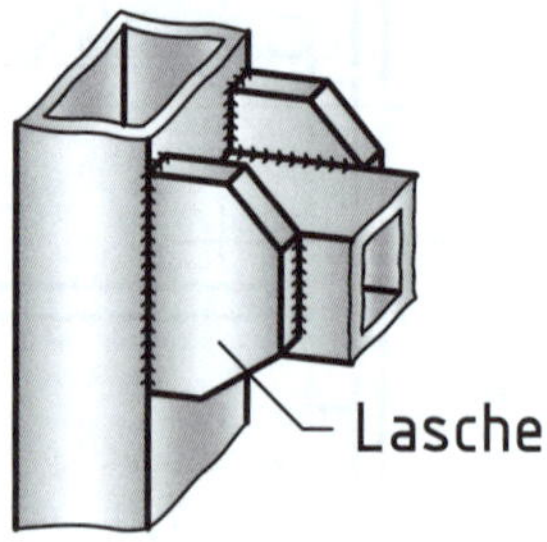

Trägeranschluss mit angesetzten Laschen

C. Vor- und Nachteile geschweißter Trägeranschlüsse

Geben Sie mithilfe der Stichwörter Vor- und Nachteile an.

Vorteile
(Herstellungskosten, Bauweise, Bohrungen)

Nachteile
(Schweißspannungen, Werkstoffpaarung, Demontage)

Kreuzende Trägeranschlüsse

Ordnen Sie zu: Eckanschlusswinkel (Pfettenschuh) mit Unterfutter, direkte Verbindung durch breiten Doppel-T-Träger, Hohlanschlusswinkel (Pfettenschuh).

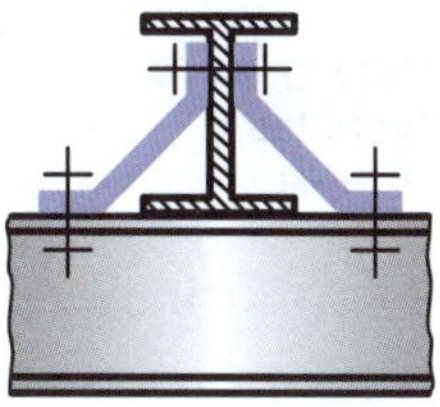

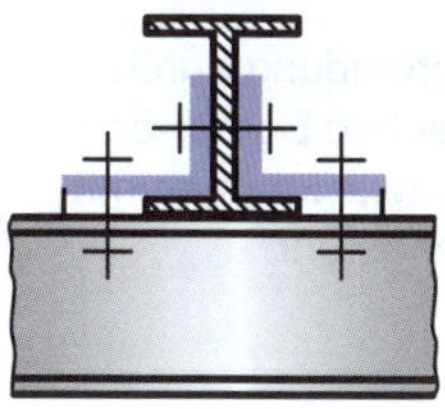

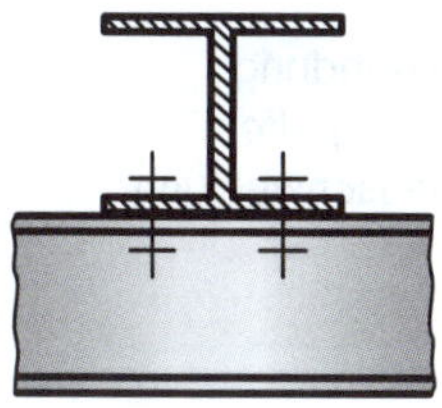

Die Maße der Pfettenschuhe und die Schraubengröße für die Befestigung finden Sie im Tabellenbuch.

D. Trägerstoß

Sind Träger zu kurz, müssen sie verlängert werden. Die Verbindung von zwei Trägern mit gleich großem Querschnitt in Längsrichtung bezeichnet man als Trägerstoß.

1. Einfacher Trägerstoß

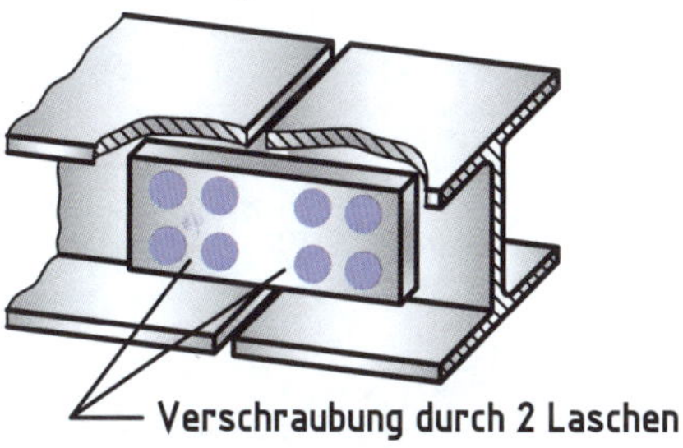

Es können Längs- und Querkräfte aufgenommen werden.
Unter dem Trägerstoß ist ein festes Auflager vorzusehen.

2. Geschweißter Trägerstoß

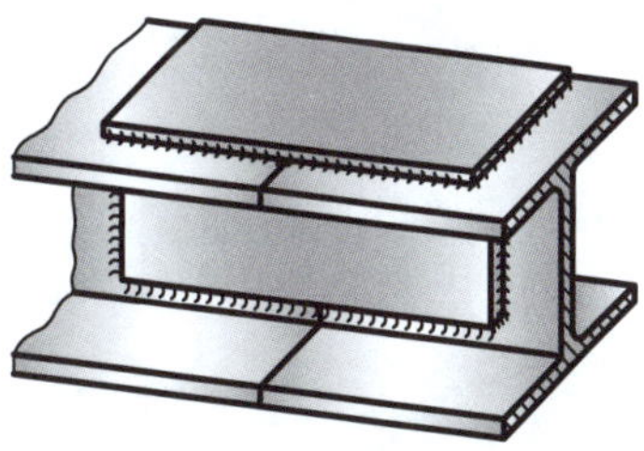

Durch zwei verschweißte Laschen am Steg und an den beiden Flanschen ergibt sich ein biegefester Trägerstoß.

3. Gelenkstoß

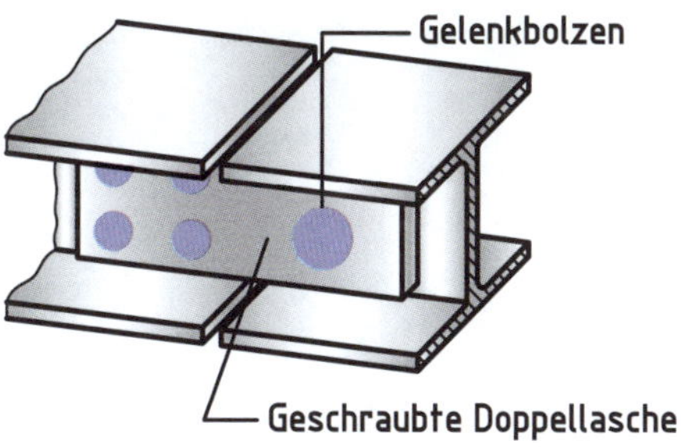

Der Gelenkstoß erlaubt in Richtung der Flansche eine geringe Beweglichkeit.

4. Stirnplattenstoß

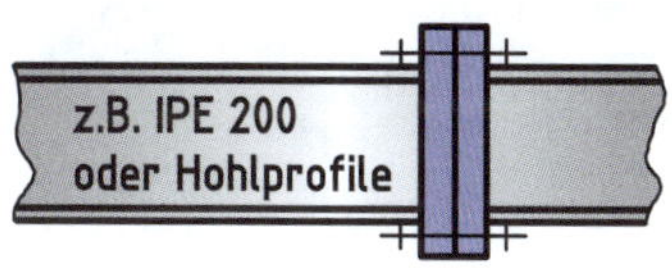

Der biegesteife Stirnplattenstoß wird mit HV-Schrauben hergestellt.

5. Trägerverbindung (Trägerkupplung)

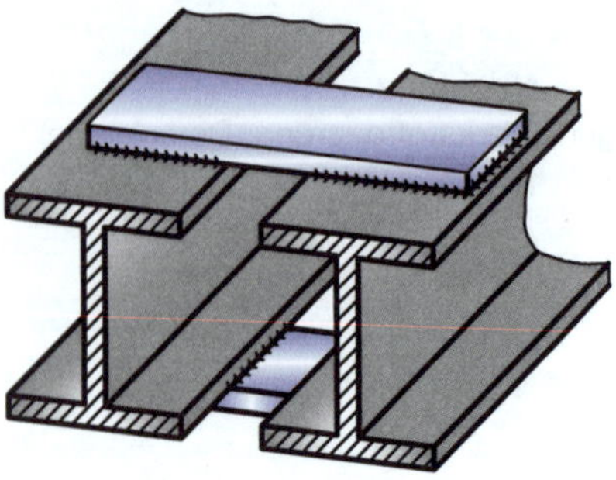

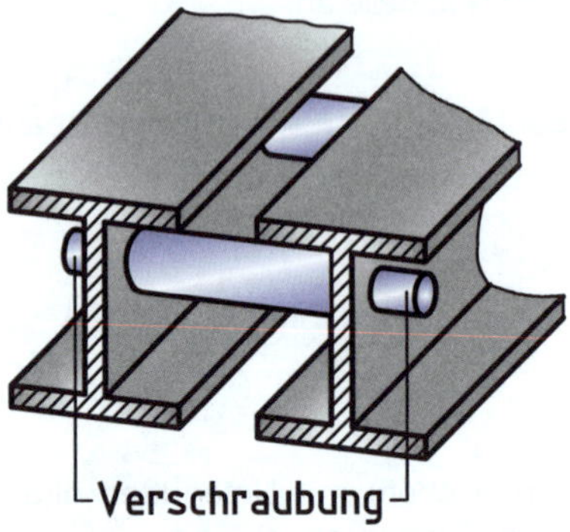

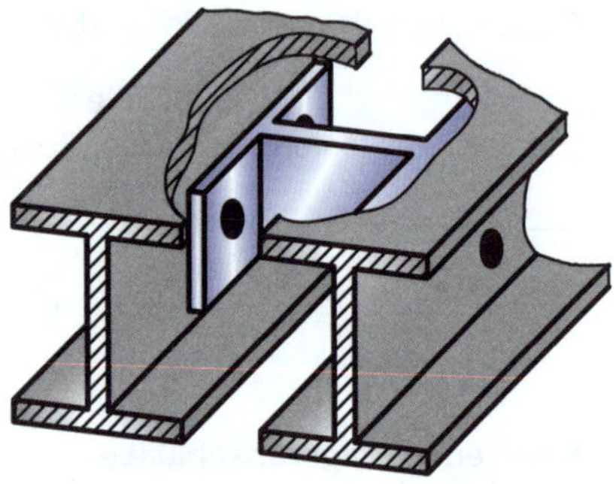

Festverbindung durch doppelte Laschenschweißung

Losverbindung durch abgesetzte Bolzen oder Qualitätsschrauben mit Abstandsrohr

Losverbindung durch eingeschraubtes Doppel-T-Profil

Stahlstützen übertragen Fremdbelastungen und ihr Eigengewicht auf das Fundament.

Nennen Sie Arten von Fremdbelastung.

____

A. Arten von Stützen

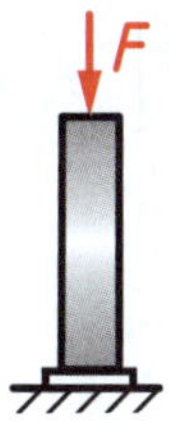

__________-Stütze

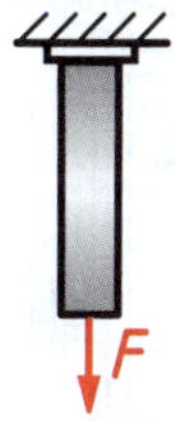

__________-Stütze

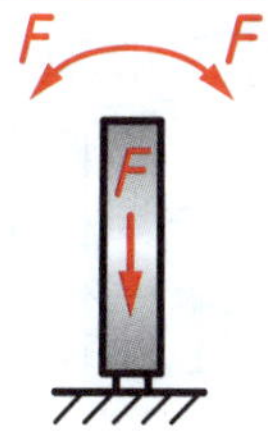

__________-Stütze

B. Belastung der Druckstütze

__________-Beanspruchung

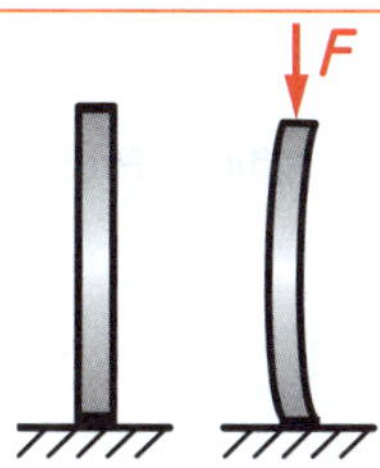

__________-Beanspruchung

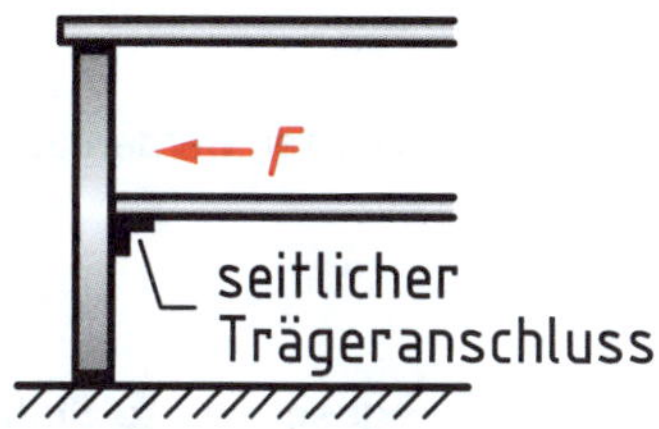

__________-Beanspruchung

C. Belastung der Hängestütze

Überlegen Sie, welcher Belastungsart Hängestützen ausgesetzt sind.

____

D. Belastung der Pendelstütze

Pendelstützen nehmen Druckkräfte auf und erlauben eine geringe Pendelbewegung.
Weshalb können Pendelbewegungen auftreten?

____

E. Aufbau einer Druckstütze

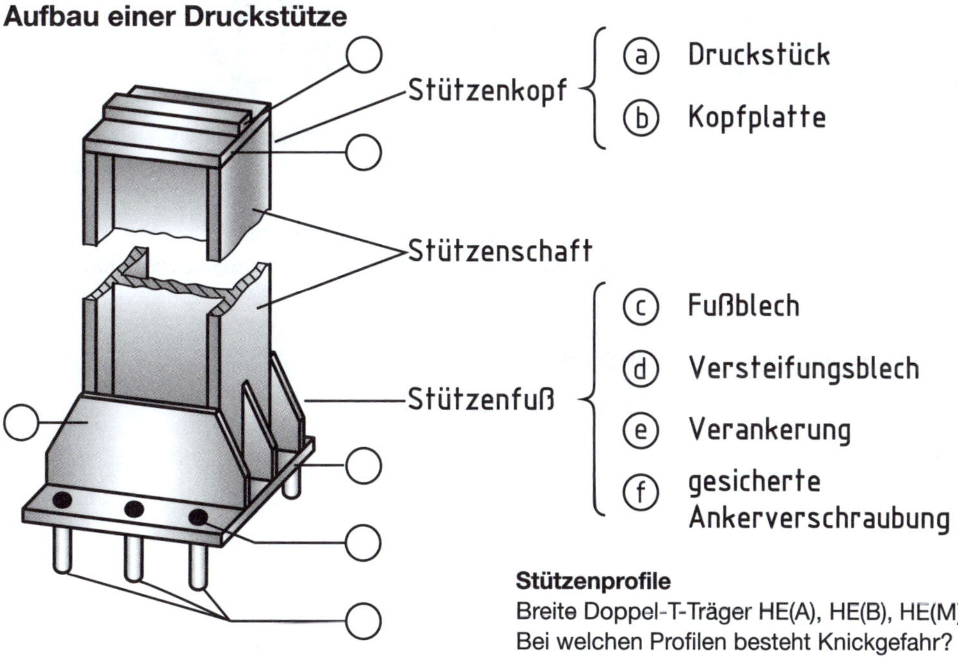

Stützenprofile
Breite Doppel-T-Träger HE(A), HE(B), HE(M)
Bei welchen Profilen besteht Knickgefahr?

____

1. **Stützenkopf**

   Der Stützenkopf soll die Auflagerkraft gleichmäßig durch die Kopfplatte und mittig durch das Druckstück auf den Stützenschaft übertragen.

2. **Stützenschaft**

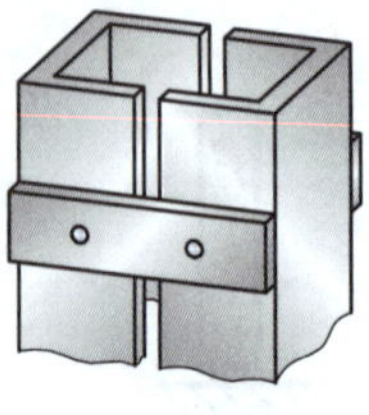

mehrteilige Stütze (zusammengesetzte Stütze) für große Belastung

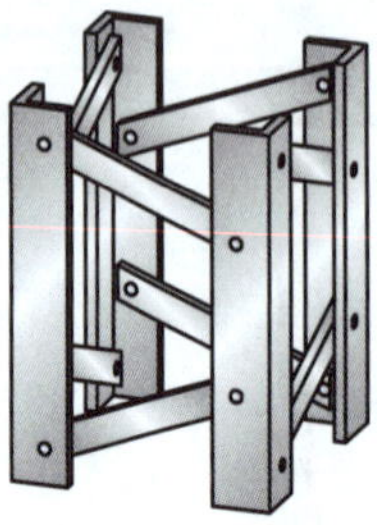

mehrteilige vergitterte Stütze (Fachwerkstütze) für einseitige und waagerechte Belastung

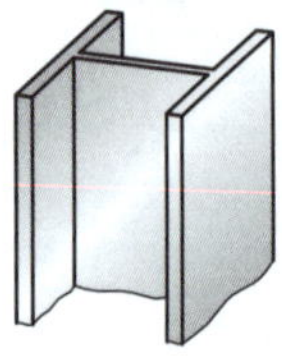

einteilige Stütze (Vollwandstütze) für geringe Belastung

Mehrteilige Stützen werden aus wenigen, aber kräftigen Profilen hergestellt. Begründen Sie dies.

geschraubte Stahlstützen

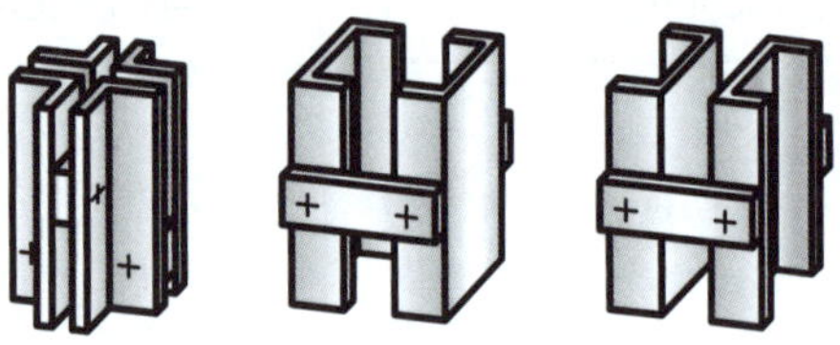

geschweißte Stahlstützen

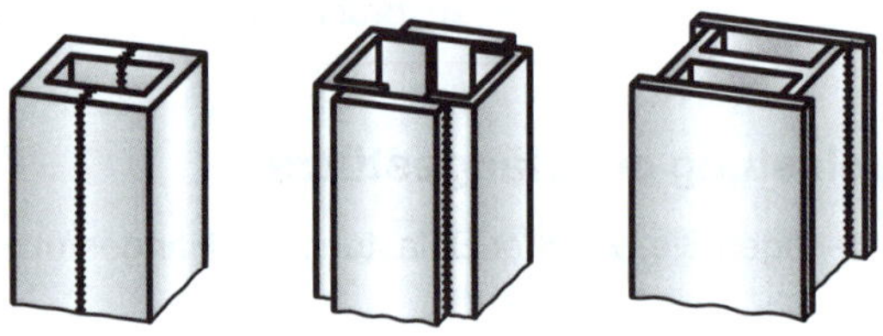

Hohlprofile

Vorteile der Hohlprofile:

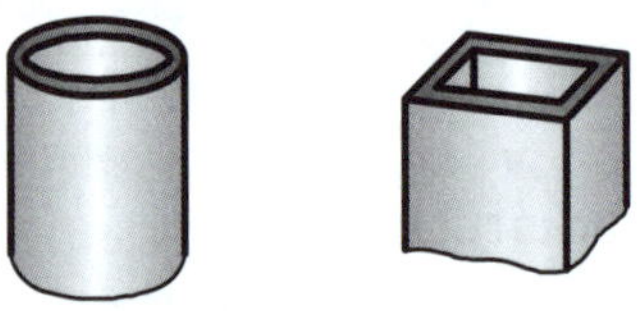

Stahlrohre

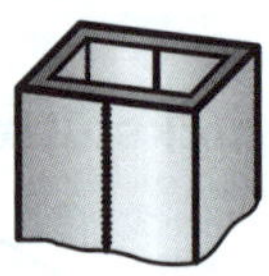

Kastenprofil

3. **Stützenfuß**

   Die Fußplatte übernimmt die gleichmäßige Verteilung der Druckkräfte auf das Fundament.
   Damit der Druck auf das Fundament im zulässigen Bereich bleibt, besitzt die Fußplatte eine größere Fläche als die Kopfplatte.

Fußplatte	ab 12 mm Dicke	ab 35 mm Dicke
Versteifung	durch Rippen	keine Versteifung

Die Betonseite der Fußplatte erhält **keinen** Schutzanstrich.
Die Stütze wird mit Keilen ausgerichtet, der Zwischenraum mit Zementmörtel vergossen.

Die skizzierte quadratische Fundamentplatte mit 400 cm² Auflagerfläche muss eine Kraft von 600 kN übertragen.
Wie groß (in N/mm²) ist die Flächenpressung?
Werden Fundamente oder Auflager von Trägern auf Druck beansprucht, so wird die an den Berührflächen auftretende Spannung als Flächenpressung p bezeichnet.

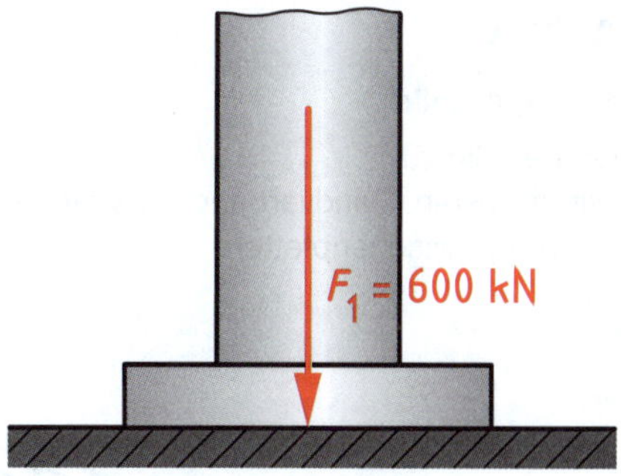

Geg.:

Ges.:

Auf mm² ⟶ N

auf mm² ⟶ =

p = ( ) in / in

1. Aufgabe: Welche Kraft (in kN) kann die Fußplatte (300 x 400) einer Stahlstütze übertragen, wenn die zulässige Flächenpressung 200 N/cm² ist?

2. Aufgabe: Die quadratische Fundamentplatte einer Hallendachstütze muss die Kraft von 512 kN aufnehmen. Die zulässige Flächenpressung des Fundaments beträgt 20 N/mm².
Berechnen Sie die Seitenlänge (in mm) der Fußplatte.

Konstruktionsmechanik	Datum:	Herstellen von Konstruktionen aus Profilen	Lernfeld 10
Name:	Klasse:	*Halle aus Stahlprofilen*	12

A. Aufbau

1. Lagerhalle

Ordnen Sie zu:
Wandpfosten, Windverband, Firstpfette, Wandriegel, Rahmenbinder, Fuß- oder Traufpfette, Zwischenrahmenbinder, Sparren, Zwischenpfetten.

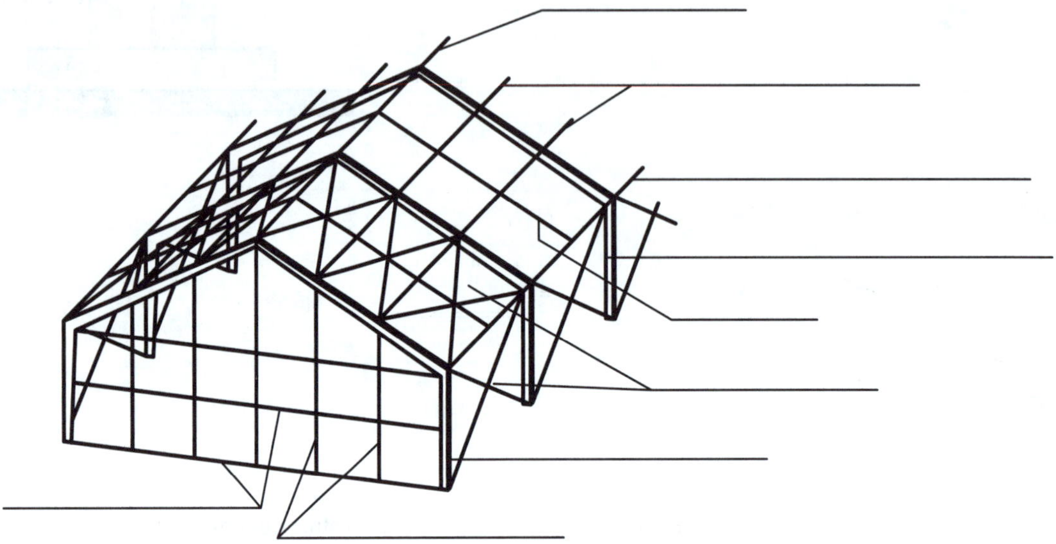

2. Industrie-Produktionshalle	3. Rahmensysteme	
Ordnen Sie zu: 1 = Rahmenstiel, 2 = Rahmenriegel, 3 = Decken- oder Bühnenträger, 4 = Pfette, 5 = Wandriegel, 6 = Brückenkran		Stockwerkrahmen
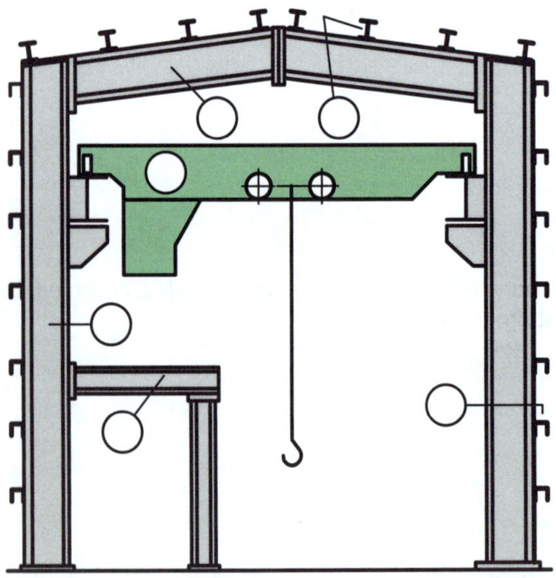		Rahmen mit eingehängten Bühnenträgern
		aufgesetzte Rahmen

B. Vorteile

Vergleichen Sie den Hallenbau aus Stahlprofilen mit der herkömmlichen Bauweise aus Mauerwerk oder Beton.

Gewicht: ______________________________

Montagezeit: ______________________________

Erweiterung der Halle: ______________________________

Ortswechsel oder Verschrottung: ______________________________

Wiederverwertung der Bauteile: ______________________________

C. Rahmenbinder

Ein Rahmen besteht aus zwei waagerechten und zwei senkrechten Bauteilen.
Die zwei senkrechten Bauteile heißen Stiele (Stützen), die waagerechten werden als Riegel bezeichnet.
Der untere Rahmenriegel entfällt, wenn die Stiele auf dem Fundament befestigt werden.

Rahmenbinderecken

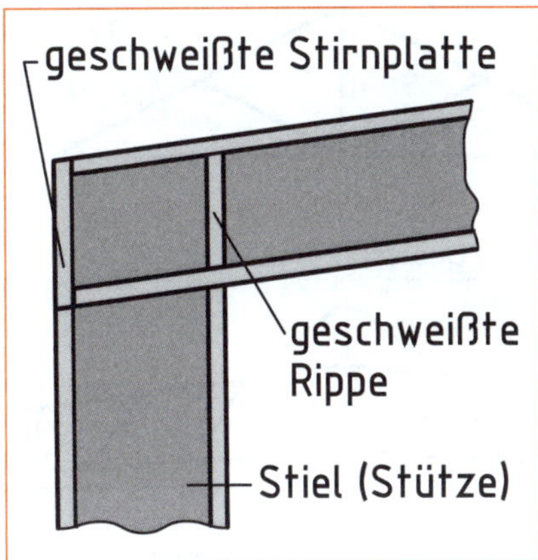	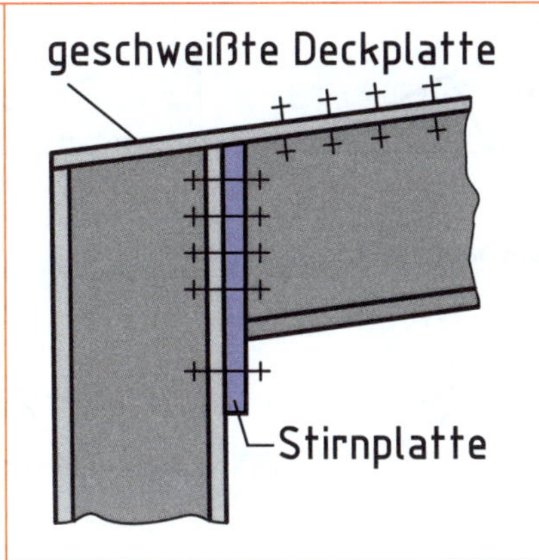	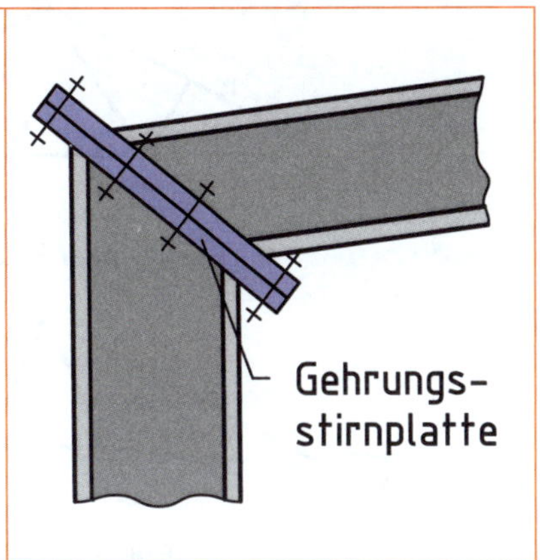
unlösbare geschweißte Ecke	unlösbare Ecke mit Stirn- und Deckplatte	lösbare Ecke mit Gehrungsstirnplatten

D. Dächer

1. Dachformen

Ordnen Sie den Skizzen zu:
Zeltdach, Satteldach, Flachdach, Walmdach, Kuppeldach, Turmdach, Pultdach, Säge- oder Sheddach, Zwiebeldach, Kegeldach, Mansarddach, Krüppelwalmdach.

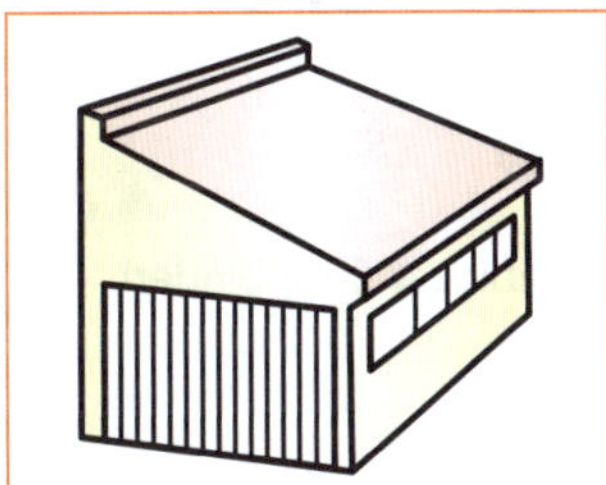	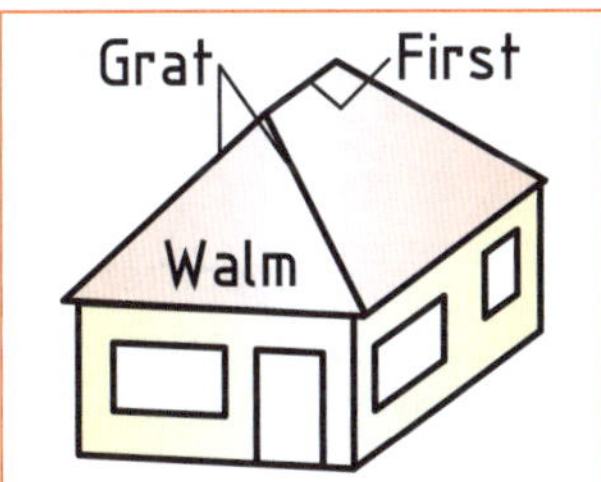		
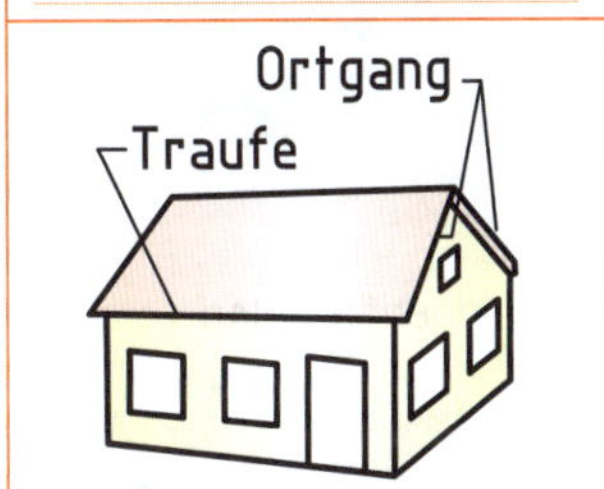	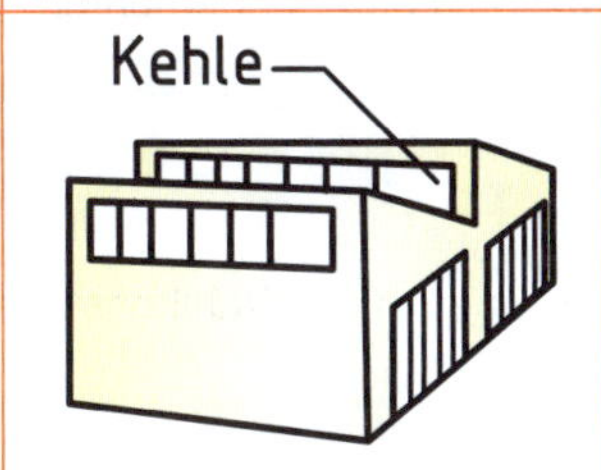	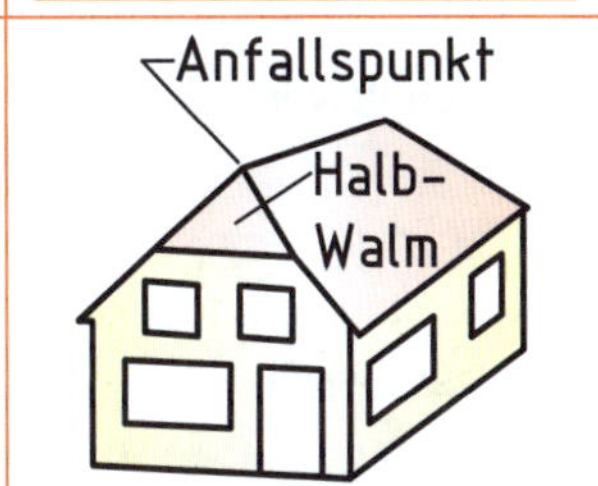	
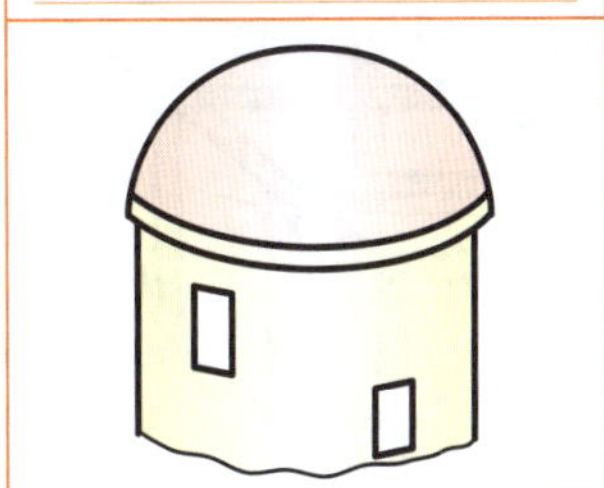			

2. Dachbinder

a) Aufgabe der Dachbinder

- Aufnahme der Dachbelastung, z. B. ______________________________

____

- Übertragen der Dachbelastung über Stützen auf das Fundament.

b) Dachbinderformen

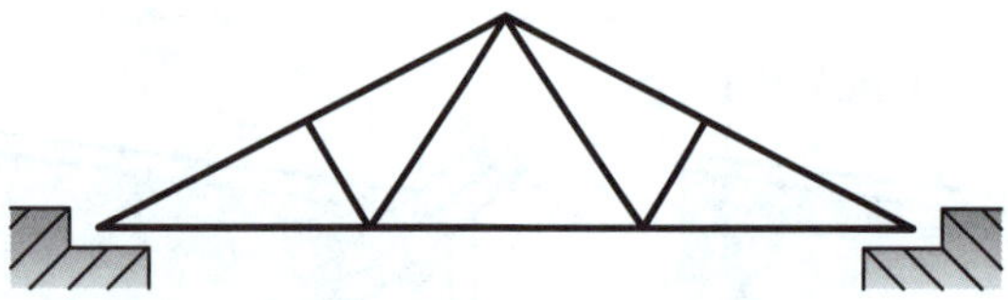

Wiegmann- oder Polonceaubinder

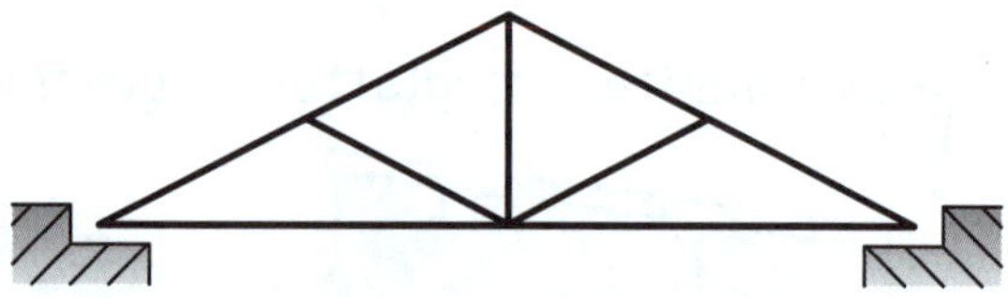

Deutscher Binder

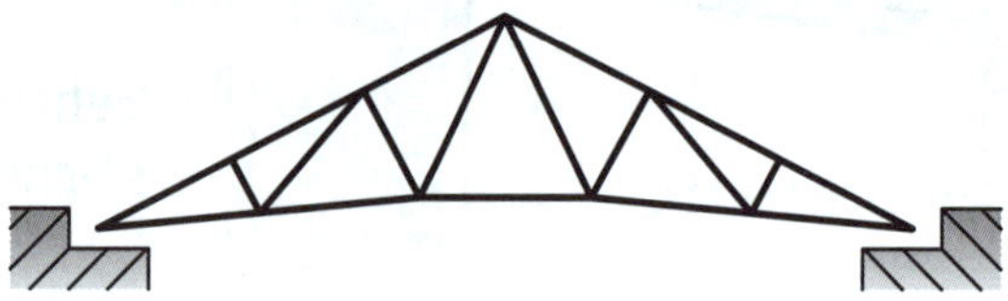

Belgischer Binder

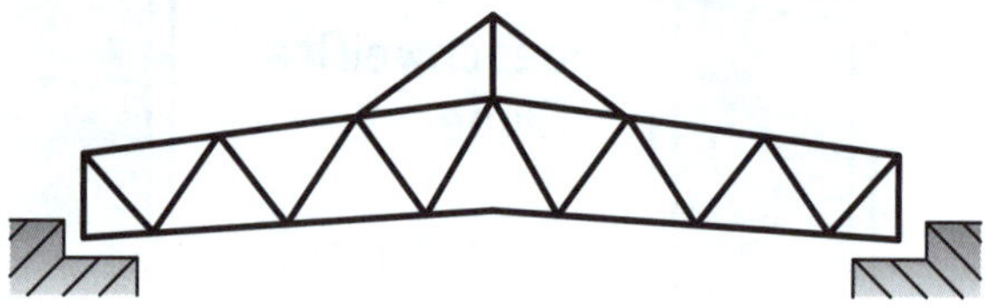

Balkenbinder mit Firstlaterne

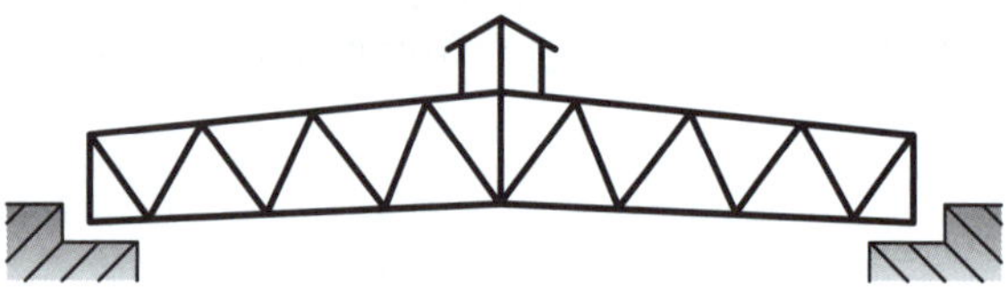

Balkenbinder mit Firstlaterne

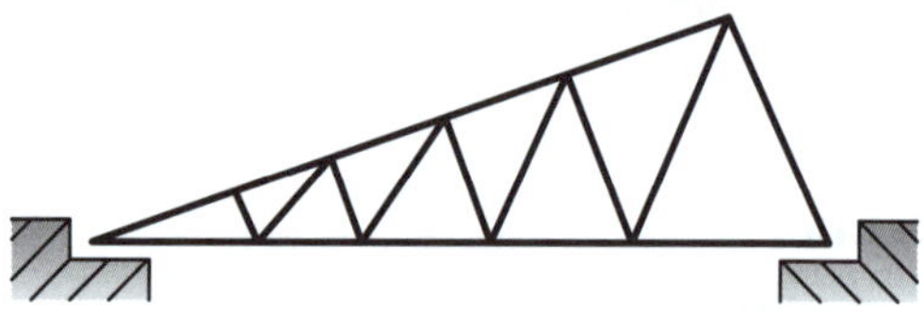

Säge- oder Sheddachbinder

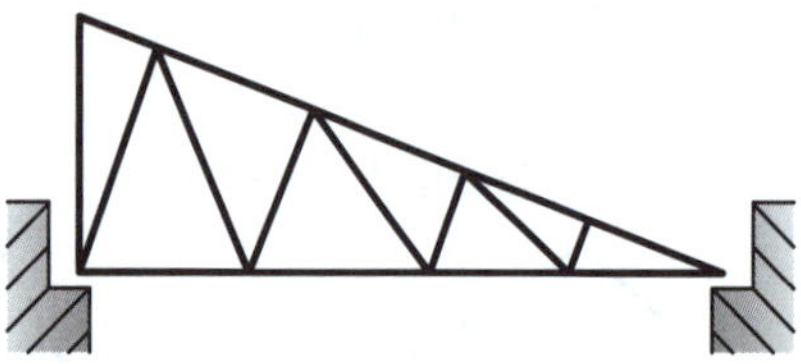

Pultdachbinder

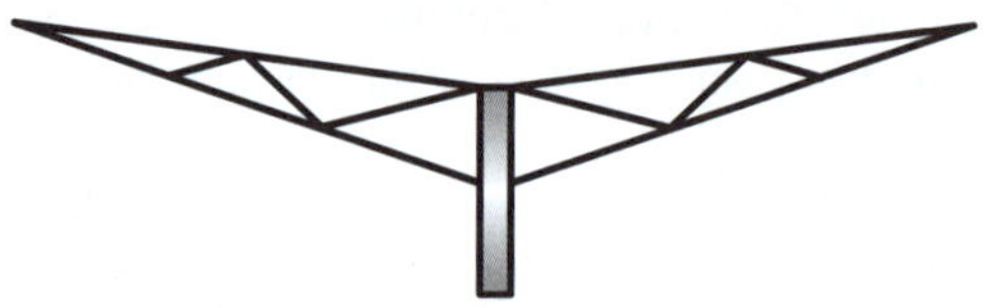

doppelter Freidachbinder (Kragbinder)

E. Decken

Decken leiten die Kräfte über Träger, Unterzüge und Stützen zu den Fundamenten.

Weitere Aufgaben der Decken: Schutz vor ______________________________

____

In der Regel werden vorgefertigte Stahlbetondecken mit Kränen in die Stahlkonstruktion eingehängt und verschraubt. Die Fugen werden mit Beton ausgegossen.

F. Aussteifungen

Stahlkonstruktionen können sich durch Kräfte verschieben und einstürzen. Aussteifungen verhindern dies und erhalten die Rechteckform der Konstruktion.
Waagerechte oder schräge Aussteifungen, z. B. bei Dächern oder Decken, bezeichnet man als Dach- oder Deckenverband. Senkrechte Aussteifungen, z. B. bei Wandkonstruktionen, heißen Windverbände. Wird zwischen zwei Stielen eine Diagonalstrebe eingebaut, so nennt man sie Zugstange.
Auch bei der Montage einer Halle bieten Aussteifungen (Verbände) eine große Arbeitserleichterung.

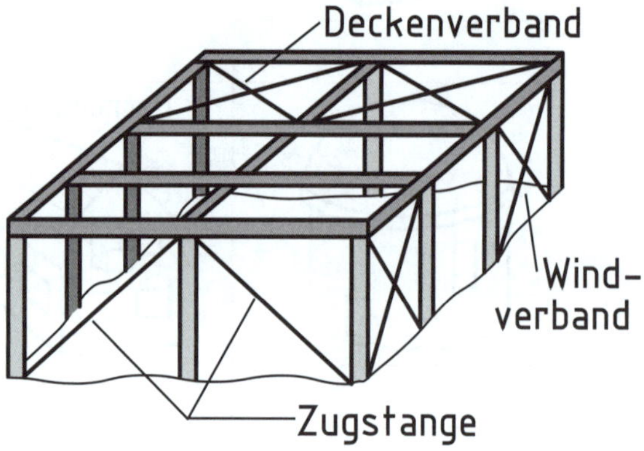

Werden Stähle über 450 °C erwärmt, verringern sich ihre Festigkeit, Stabilität und Tragfähigkeit. Außerdem entstehen schon bei geringer Temperaturerhöhung durch die Wärmeausdehnung des Stahls Schäden am gesamten Bauwerk.

Die Art der Verkleidung ist von der Feuerwiderstandsklasse abhängig.

A. Baustoffklassen

Baustoffklasse	Eigenschaft	Beispiel
A	nicht brennbare Stoffe	
A1	Baustoffe ohne brennbare Bestandteile	Stahl, Beton
A2	Baustoffe mit sehr geringem Gehalt an brennbaren Bestandteilen	Gipskartonplatten
B	brennbare Baustoffe	
B1	schwer entflammbare Baustoffe	Leichtbauplatten
B2	normal entflammbare Baustoffe	Dachpappe
B3	leicht entflammbare Baustoffe	Papier, Holzwolle

Die Kennzeichnung der Baustoffklasse muss am Baustoff oder an der Verpackung ersichtlich sein.

B. Feuerwiderstandsklassen

	feuerhemmend		feuerbeständig		hochfeuerbeständig
Feuerwiderstandsklasse F für Wände, Decken, Stützen, Unterzüge	F 30	F 60	F 90	F 120	F 180
Feuerwiderstandsklasse W für nicht tragende Außenwände	W 30	W 60	W 90	W 120	W 180
Feuerwiderstandsdauer (min)	≥ ______	≥ ______	≥ ______	≥ ______	≥ ______

Beispiel: Eine Stahlstütze hat die Angabe F 90 – A.
Erklären Sie dies.

F 90: ______________________________

____

A: ______________________________

C. Verkleidungen

1. Stahlträger mit Gipsputzverkleidung

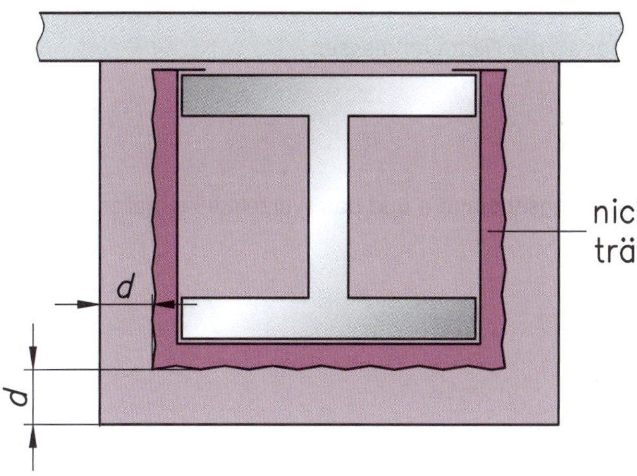

Die Mindestputzdicke *d* (5 mm – 25 mm) ist abhängig:
a) von der Profilgröße des Stahlträgers,
b) von der Widerstandsklasse.

Früher wurden Stahlbaukonstruktionen meist genietet. Bei Reparaturen muss deshalb auch heute noch das Nieten angewandt werden.

Aufgabe: In eine genietete Brücke muss ein Knotenblech (siehe Skizze) eingesetzt werden.

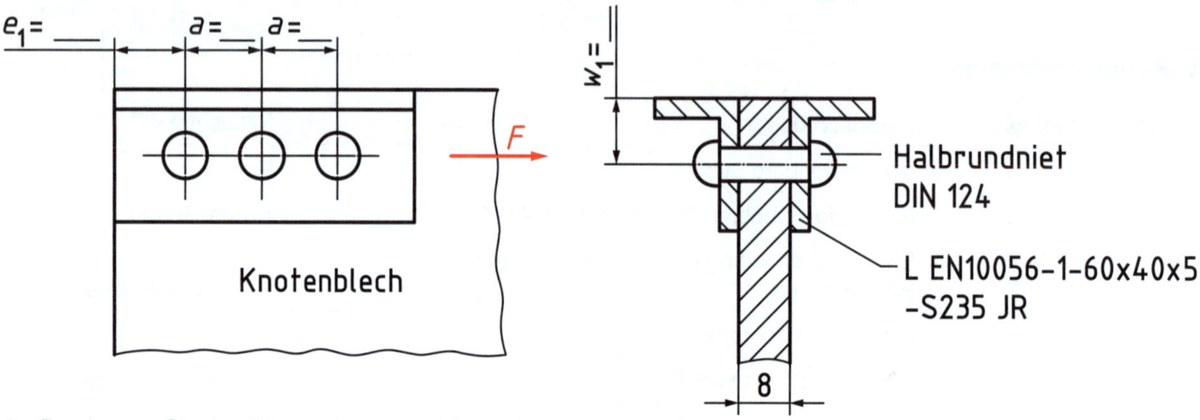

1. Bestimmen Sie den Nietdurchmesser *d* (in mm).

$$d \approx \sqrt{50 \cdot t} - 2 \quad \text{(mm)}$$

d = Nietdurchmesser (mm)
t = kleinste Bauteildicke (mm)

$d \approx$ ______

$d \approx$ ______

$d \approx$ ______ ; gewählt $d =$ ______

2. Wählen Sie Kalt- oder Warmnietung? Begründen Sie Ihre Entscheidung.

______

3. Berechnen Sie die Nietzugabe *z* und die Nietschaftlänge *l* (in mm).

Nietzugabe *z*: Nietschaftlänge *l*:

4. Normbezeichnung der Nieten

Niet DIN 124- ______

5. Bohrungsdurchmesser d_1 (in mm)
Der Durchmesser der Bohrungen ist stets 1 mm größer als der Nietdurchmesser.

Begründung: ______

$d_1 =$ ______ = ______

6. Bestimmen Sie den größten Randabstand e_1, den Bohrungsabstand *a* und das Wurzelmaß w_1 (alles in mm). Verwenden Sie das Tabellenbuch.
Beachten Sie dabei die einwirkende Kraft *F*!

e_1 = ______

a = ______

w_1 = ______

Tragen Sie diese Ergebnisse in die obige Skizze ein.

Ein Bolzen ist 50 mm lang und hat einen Durchmesser von 30 mm. Er muss die Druckkraft von 90 kN übertragen. Wie groß (in N/m²) ist in der Bohrung die Flächenpressung?

Geg.:

Ges.:

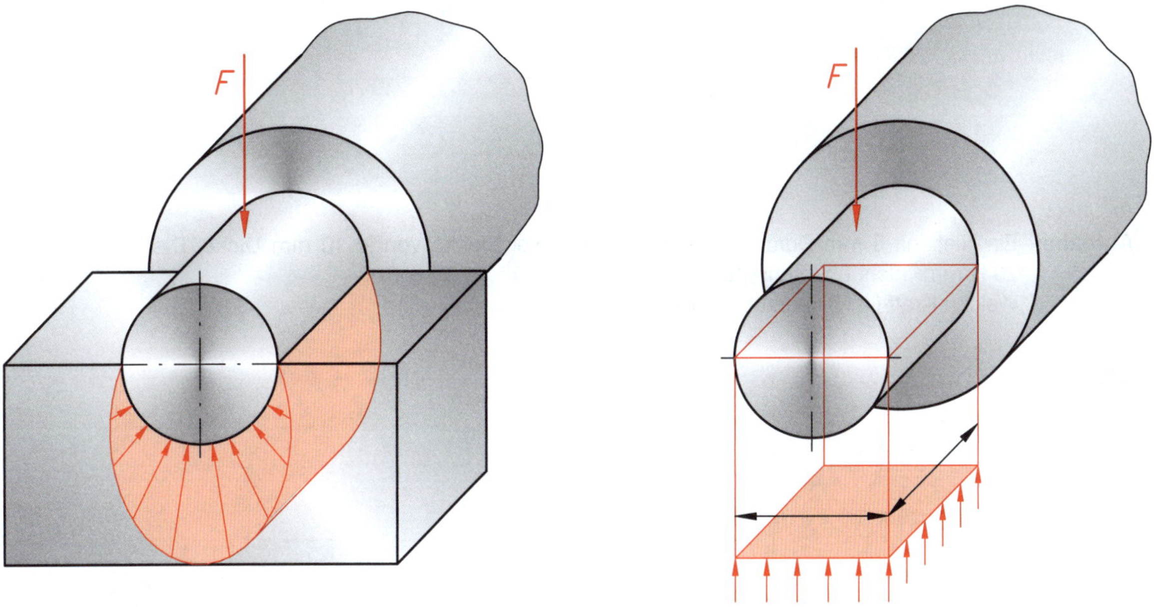

Die Flächenpressung ist bei gewölbten Flächen in der Mitte am größten und nimmt nach den Seiten hin ab. Um einen Mittelwert zu erhalten, wird als Berührungsfläche die Fläche eines Vierecks eingesetzt:

$A =$ (mm²) $p =$

$A =$ $p =$

$A =$ $p =$

1. Aufgabe: Die skizzierte zweischnittige Nietverbindung soll eine Kraft von 2600 N übertragen. Der geschlagene Niet hat 13 mm Durchmesser.
Berechnen Sie die maximale Flächenpressung in N/mm².

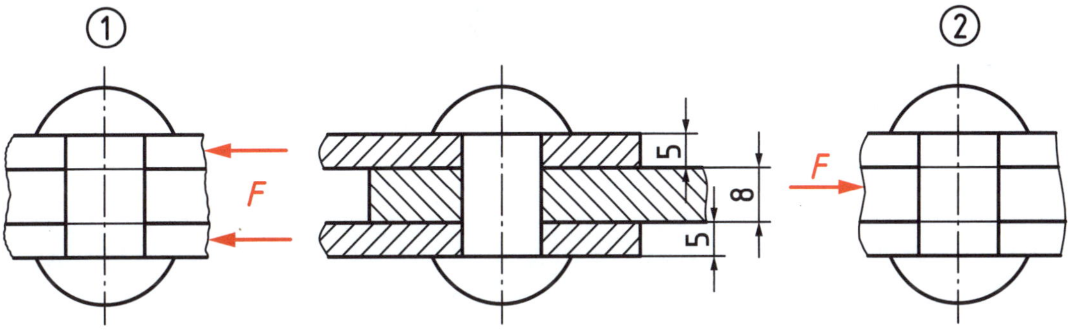

Die Flächenpressung am Niet- und Schraubenschaft wird auch als Lochleibung bezeichnet.
Kennzeichnen Sie in den beiden Skizzen ① und ② farbig die projizierten Flächen.

Am größten ist die Lochleibung bei ◯, weil

Geg.:
Ges.:

2. Aufgabe: Ein Niet mit 8 mm Durchmesser verbindet zwei Bleche von je 10 mm Dicke. Die Lochleibung darf 20 N/mm^2 nicht überschreiten.
Welche Kraft (in N) kann übertragen werden?

Geg.:
Ges.:

3. Aufgabe: Drei Flachstähle mit je 20 mm Dicke werden durch eine zweischnittige Einfachnietung verbunden und sollen 15 kN übertragen. Die Lochleibung soll bei vierfacher Sicherheit die Quetschgrenze von 200 N/mm^2 nicht überschreiten.
Welcher Nietdurchmesser (in mm) ist zu wählen?

Geg.:
Ges.:

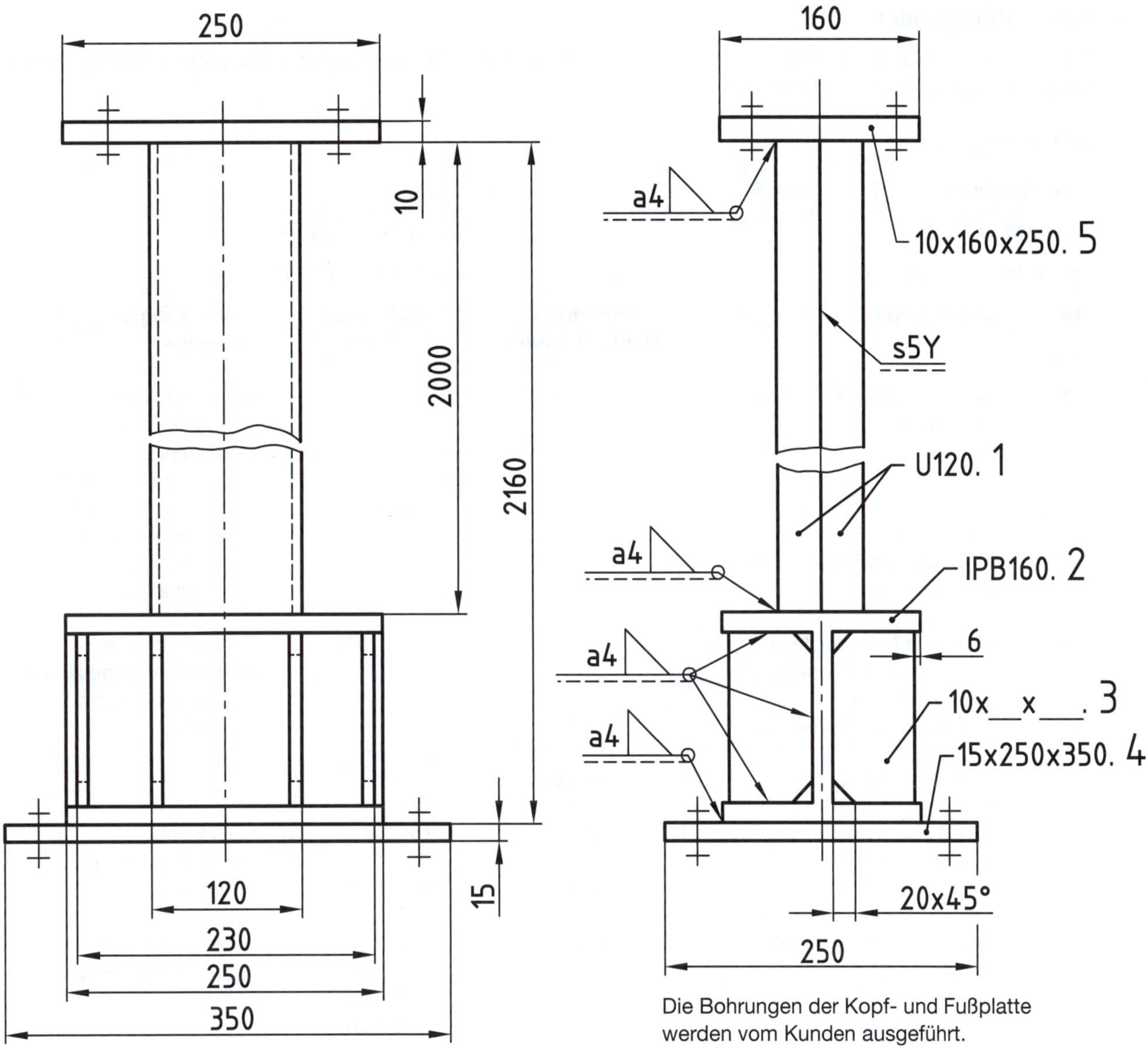

Die Bohrungen der Kopf- und Fußplatte werden vom Kunden ausgeführt.

Maße für Versteifungsrippen

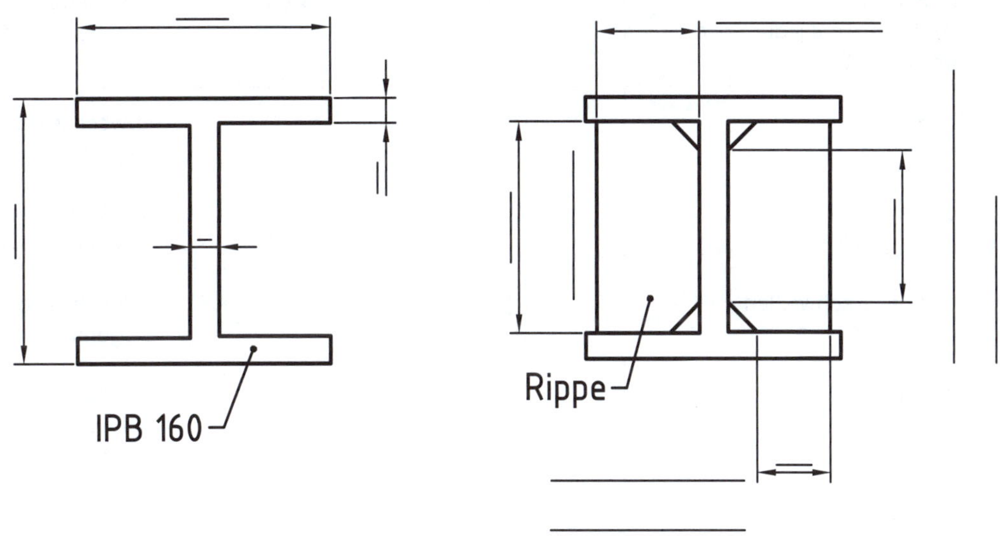

Tragen Sie die Maße für die Rippen in die Skizzen ein, die Nahtlängen in den Schweißfolgeplan auf der nächsten Seite.

Konstruktionsmechanik	Datum:	**Herstellen von Konstruktionen aus Profilen**	**Lernfeld 10**
Name:	Klasse:	***Herstellen einer Stahlstütze***	**16**

A. Schweißfolgeplan

Der Schweißfolgeplan gibt die Arbeitsschritte vor. Er enthält Angaben über Nahtformen, Nahtdicken, Nahtlängen sowie zusätzliche Bemerkungen und Hinweise.

Schweißfolgeplan

Auftrags-Nr.: 138/2006	Teil-Nr.: 14
Sach-Nr.: 114.12	Werkstoff: S 235 JR
Bezeichnung: Stütze	Schweißverfahren: 111

Nr.	Arbeitsfolge	Nahtform Nahtdicke (mm)	Nahtlänge (mm)	Bemerkungen, Hinweise
1	Teile 1 für Y-Naht vorbereiten			Winkelschleifer, Schutzbrille, Gehörschutz
2	Teile 1 heften, Heftlänge 60 ± 5, 6 Heftnähte beidseitig von innen nach außen	Heftnaht	(6 x 2) x 60	Oberfläche säubern, mit Schraubzwingen spannen, Teile ausrichten
3	Geheftete Naht der Teile 1 durchgehend schweißen, abkühlen lassen, zweite Heftnaht schweißen	Y s 5	2 x 2000	Endkraterbleche verwenden, beide Nähte in gleiche Richtung schweißen
4	Teile 3 in 2 heften	Heftnaht	kurz	
5	Teile 3 in 2 schweißen	◺ a 4	8 x ____ 16 x ____	erst Quernähte, dann Längsnähte schweißen
6	Teile 2 und 3 mit 4 heften, Heftlänge 20 ± 4, 4 Längsheftnähte, 3 Querheftnähte	Heftnaht	Länge 8 x 20, Breite 6 x 20	mit Schraubzwingen spannen, ausrichten
7	Teile 2 und 3 mit 4 schweißen	◺ a 4	____	spiegelbildlich schweißen
8	Teil 5 mit 1 heften, 2 Heftnähte auf jeder Seite, Heftlänge 10	Heftnaht	8 x 10	mit Schraubzwinge spannen, ausrichten
9	Teil 5 mit 1 schweißen	◺ a 4	____	abwechselnd diagonal
10	Teil 1 mit 2 heften Heftlänge 10	Heftnaht	kurz	mit Schraubzwinge spannen, ausrichten
11	Teil 1 mit 2 schweißen	◺ a 4	____	abwechselnd diagonal
12	Säubern			Schlacke und Schweißspritzer entfernen
13	Kontrolle			Nahtprüfung auf Fehler, Winkeligkeit und Maßhaltigkeit

B. Schweißnahtbeurteilung

Die Stütze wird durch Lichtbogenhandschweißen gefügt.
Beim Schweißen des Stützenschafts mit der Y-Naht können die folgenden Schweißfehler entstehen.
Beurteilen Sie diese und stellen Sie mögliche Ursachen fest.

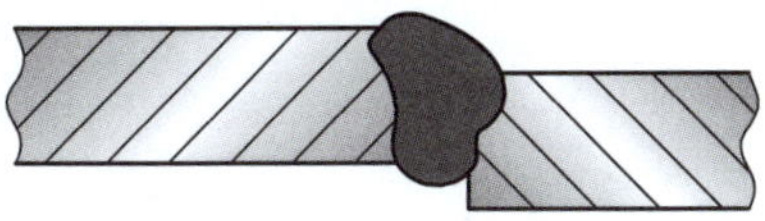	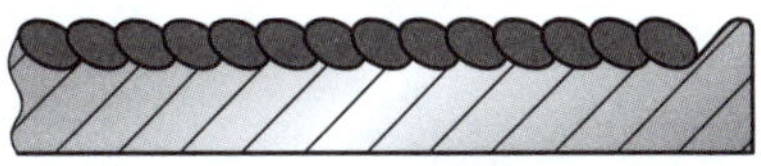	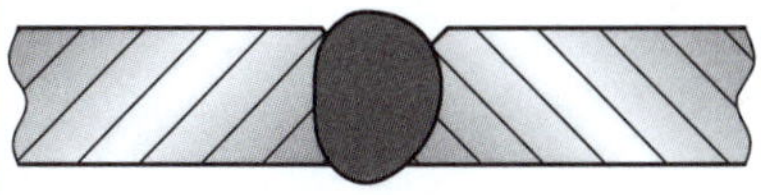
Beurteilung		
Ursachen		

Die Fußplatte wird mit dem Stahlprofil IPB durch eine umlaufende Kehlnaht verschweißt. Auch hier können Schweißfehler entstehen.

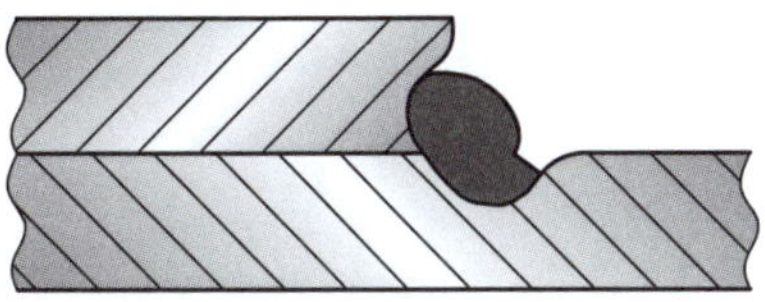	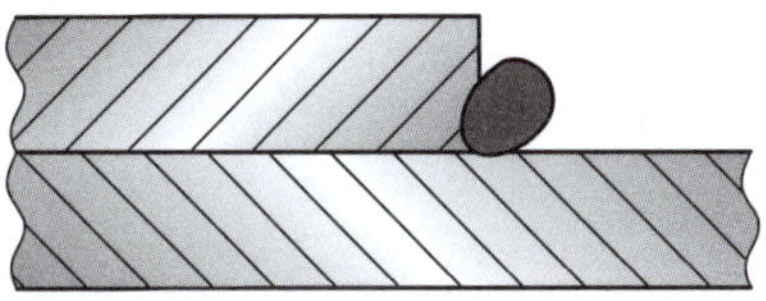	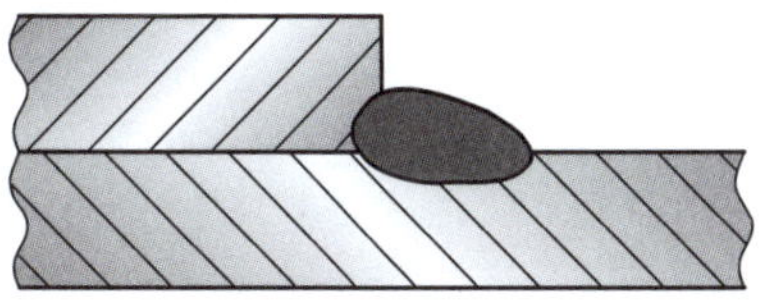
Beurteilung		
Ursachen		

Vor einer Auftragserteilung holt der Kunde von mehreren Firmen Angebote ein. Den Auftrag erhält der Betrieb mit dem preisgünstigsten Angebot und guter, fachgerechter Arbeit.
Nach Ausführung des Auftrags sind die im Angebot genannten Preise die Grundlage für die Kostenrechnung.

Aufgabe: Berechnen Sie den Angebotspreis von vier Stahlstützen (siehe vorhergehendes Beispiel). Die Stützen werden zweimal grundiert und erhalten einen doppelten Deckanstrich.

Materialeinzelkosten			**Einzelpreis**	**Gesamtpreis**
4	m	U-Profil (U 120)	10,32 €/m	€
1	Stück	Fußplatte (350 x 250 x 15)	8,51 €/Stück	€
1	Stück	Kopfplatte (250 x 160 x 10)	2,59 €/Stück	€
0,25	m	I-Profil (IPB 160)	33,65 €/m	€
8	Stück	Rippen (134 x 70 x 10)	0,61 €/Stück	€
0,5	kg	Rostschutzfarbe	7,75 €/kg	€
0,5	kg	Deckfarbe	8,20 €/kg	€
Materialeinzelkosten				€

Fertigungslöhne

Metallbauer:	5,5 Stunden mit 14,60 €/Stunde	€
Hilfsarbeiter:	6,5 Stunden mit 10,20 €/Stunde	€
Fertigungslöhne		€

Materialgemeinkosten 20 **%,** Fertigungsgemeinkosten 158 **%,** Wagnis und Gewinn 14 **%,** Mehrwertsteuer ______ %.
Die Gemeinkosten für Verwaltung und Vertrieb sind in den Material- bzw. in den Fertigungsgemeinkosten enthalten.

Klärung

Fertigungsmaterial = Einkaufspreise aus den Listen der Großhändler für das Material, wobei Frachtkosten, Preisnachlass und Teuerungszuschläge zu berücksichtigen sind.

Materialgemeinkosten = Kosten für Lagerung und Transport der Materialien, Ausgaben für Schweißmaterial, Schmiedekohle, Verschnitt usw., Abschreibung für Maschinen und Geräte, Ausgaben für Miete, Beleuchtung, Heizung der Werkstätte, des Lagers usw.
Weil diese Kosten einzeln nicht kalkulierbar sind, werden sie dem Fertigungsmaterial als prozentualer Aufschlag zugerechnet.

Fertigungs- und Montagelöhne: Sie errechnen sich aus den Stundenlöhnen und der Arbeitszeit.
Zuschläge für Überstunden, Auslöse, Fahrgelder usw. sind dazuzurechnen.

Fertigungsgemeinkosten: Diese ergeben sich aus dem Arbeitgeberanteil für die Sozialversicherung und die Unfallversicherung sowie den Aufwendungen für Lohnfortzahlung bei Krankheit, bezahltem Urlaub, Urlaubs- und Weihnachtsgeld, vermögenswirksamen Leistungen usw.
Berechnungsgrundlage sind die Fertigungs- und Montagelöhne.

Gemeinkosten für Verwaltung und Vertrieb: Nur bei größeren Betrieben werden diese besonders kalkuliert. Kleinere Betriebe rechnen sie den Material- bzw. den Fertigungsgemeinkosten zu.

Konstruktionsmechanik	Datum:	Herstellen von Konstruktionen aus Profilen	Lernfeld 10
Name:	Klasse:	*Kostenrechnung*	17

1. **Materialkosten**
   Materialeinzelkosten = _____ €
   Materialgemeinkosten: _____ = _____ €
   Materialkosten = _____ €
2. **Fertigungskosten (Herstellungskosten)**
   Fertigungslöhne = _____ €
   Fertigungsgemeinkosten: _____ = _____ €
   Fertigungskosten = _____ €
3. **Selbstkosten** = _____ €
4. **Wagnis und Gewinn:** _____ = _____ €
5. **Netto-Verkaufspreis** = _____ €
6. **Mehrwertsteuer:** _____ = _____ €
7. **Brutto-Verkaufspreis** = _____ €

Im Angebot heißt es dann:

Position	Anzahl	Gegenstand	Einzelpreis		Gesamtpreis	
			€	ct	€	ct
1	2	Stahlträger				
20	4	Stahlstütze mit Kopf- und Fußplatte, mit Stützenschaft (nach Skizze), zweifacher Grund- und Deckanstrich				
Nach Addition aller Positionen wird die Mehrwertsteuer dazugerechnet. _____ % Mehrwertsteuer						
Angebotspreis						

Aufgabe: Kalkulieren Sie den Brutto-Verkaufspreis für einen Stahlträger. Materialeinzelkosten 232,14 €, Fertigungslöhne 197,17 €, Materialgemeinkosten 22 %, Fertigungsgemeinkosten 155 %, Wagnis und Gewinn 13 %, Mehrwertsteuer 19 %.

= €
= + €
= €
= €
= + €
= + €
= €
= + €
= €
= + €
= €

A. Netzplan

Damit eine Stahlbaukonstruktion (z. B. Industriehalle) termingerecht fertiggestellt werden kann, muss ein Bauablaufplan oder ein Netzplan erstellt werden.

Ordnen Sie dem Netzplan zu:
Fundamentbau, Baustellenräumung, Lieferung und Vorfertigung, Dachmontage, Stützenmontage, Erdaushub (= Erdbau), Feinstahlbaumontage (= Montage von Fenstern, Türen, Toren usw.), Verbände-, Wandriegel- und Kranbaumontage, Wandverkleidungsmontage.

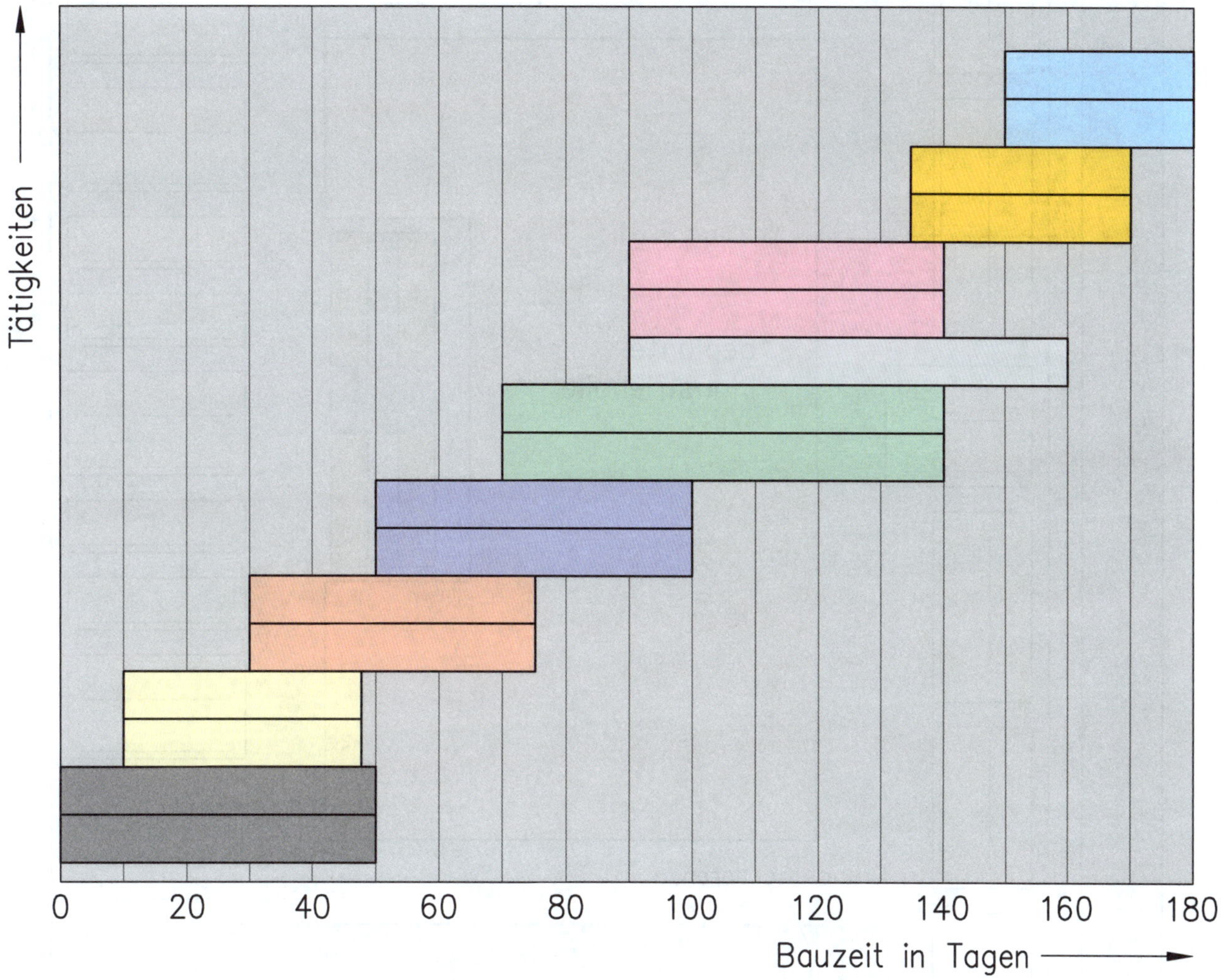

Zu einer Baustelle gehören:

Tragen Sie Ihre Vorschläge in die skizzierte Baustelle auf der nächsten Seite ein.

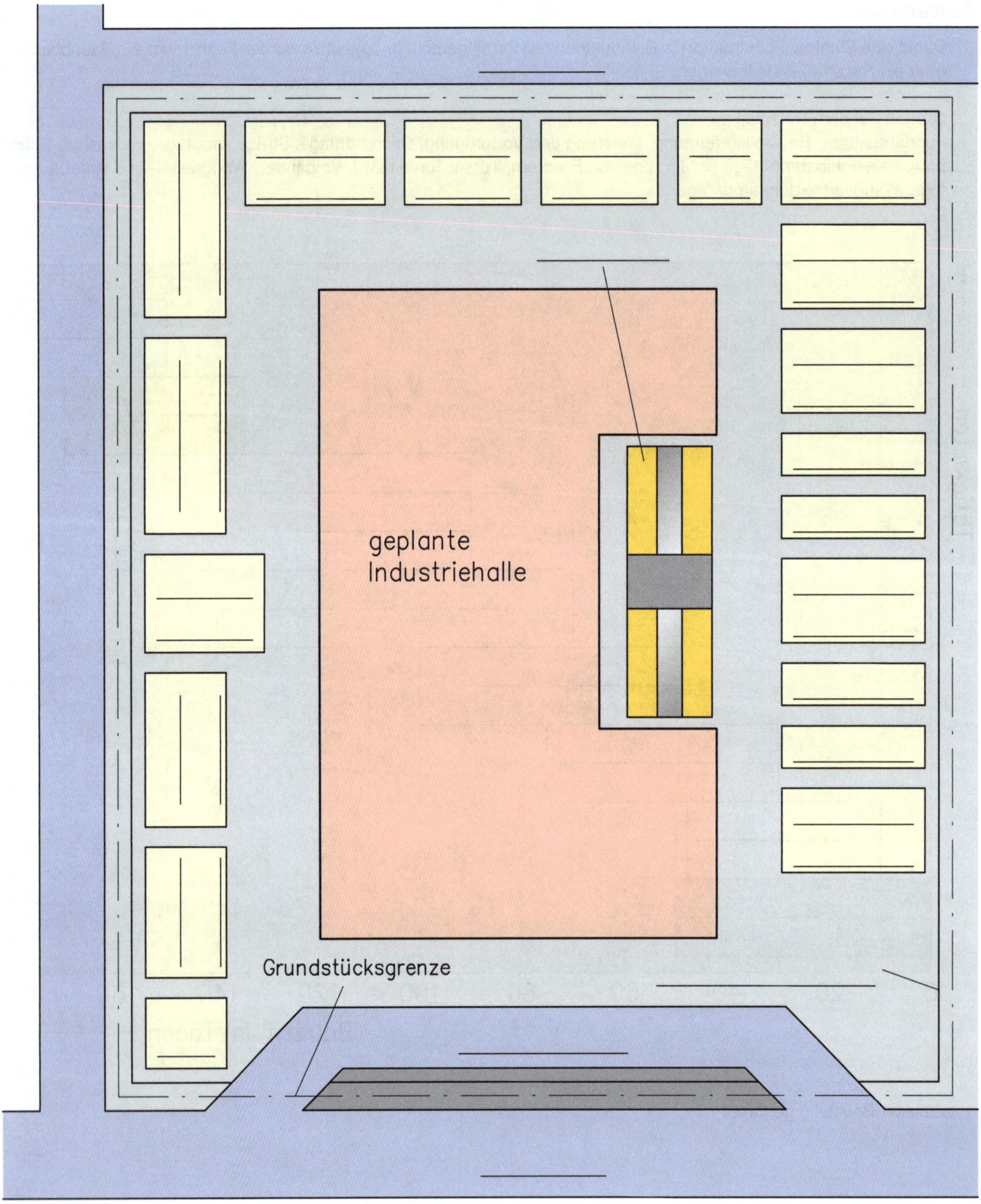

Eine gut vorbereitete Baustelleneinrichtung erspart Zeit und Kosten. Beachten Sie:

- Die Lagerung von Bauteilen muss rutsch- und kippfest sein.
- Markierungen und Kennzeichnungen an Bauteilen müssen lesbar sein.
- Beim Stapeln von Bauteilen Zwischenlagen verwenden.
- Aluminiumbauteile sollen geschützt gelagert werden (Überdachung, Planen).
- Stahlteile benötigen keinen Witterungsschutz.

A. Vermessen der Fundamente

Überprüft werden
1. die Abstände und die Rechtwinkeligkeit der Fundamente,
2. die Höhenlage der Fundamente; Ungenauigkeiten werden durch Unterlegbleche ausgeglichen.

B. Setzen der Stahlstützen

Die Stahlstütze muss genau senkrecht verschraubt werden. Bei Abweichungen (Senklot-Prüfung) werden Stahlkeile unter die Fußplatte eingetrieben.

C. Montage

Wir unterscheiden:

Einzelmontage	Vormontage	Blockmontage
Es werden nur Einzelteile auf der Baustelle gefügt.	Es ist das Zusammenfügen der gesamten Konstruktion vor der endgültigen Montage.	Eine vorgefertigte Baueinheit (z. B. Dachsegment) wird in die Konstruktion eingebaut.
Montagezeit: ______	Montagezeit: ______	Montagezeit: ______
Nacharbeit: ______	Nacharbeit: ______	Nacharbeit: ______

Damit sich Stützen und Träger bei der Montage nicht seitlich verschieben oder ausweichen, müssen Stabilisierungen eingebaut werden:

1. ______
2. ______

D. Hilfsmittel bei der Montage

1. Zum Einrichten und Fixieren von Bauteilen sind Keile und Dorne erforderlich.
2. Zum Befestigen von Schraubverbindungen sind akkubetriebene Schlagschrauber mit Drehmomenteinstellung vorteilhaft.
3. Für höhenbedingte Arbeiten sind Gerüste, feste Arbeitsbühnen oder Hubarbeitsbühnen zu verwenden.
4. Leitern sollen nicht unter einem Winkel von 70° angestellt werden. Beim Übertritt von einer Leiter auf ein Gebäudeteil oder Gerüst ist ein Überstand der Leiter von mindestens 1 m vorgeschrieben.
5. Werden beide Hände beim Arbeiten auf einer Leiter benötigt (z. B. beim Bohren), muss eine Absturzsicherung verwendet werden.
6. Über 2 m Arbeitshöhe sind Schutzgeländer, Fanggerüste oder Fangnetze erforderlich.
7. Bei gefährlichen Arbeiten in größerer Höhe muss ein Fallschutzgeschirr mit Sicherungsseil getragen werden.
8. Elektrische Leitungen über der Baustelle müssen von einem Elektrofachmann spannungsfrei geschaltet oder schutzisoliert werden.
9. Häufig werden auf Baustellen auch Hebe- und Förderzeuge verwendet. Siehe dazu LF 8.

E. Sicherheit bei der Montage

1. Schutzhelme tragen!
2. Arbeitsmittel (Gerüste, Kräne, Seile, Ketten usw.) überprüfen!
3. Aufgerichtete Bauteile (z. B. Stützen) sichern!
4. Absturzsicherungen und Sicherheitsgurte verwenden!
5. Anschlagmittel (siehe LF 8) nicht überlasten!
6. Beim Transport von Bauteilen ist die Straßenverkehrsordnung einzuhalten!

A. HV-Schraubenverbindungen

Auf Baustellen ist die Schraubenverbindung einer Stahlbaukonstruktion billiger als Nieten oder Schweißen. Gegenüber dem Nieten kann der Sitz der Schrauben durch das Festziehen der Mutter mit dem Drehmomentschlüssel genau durchgeführt und kontrolliert werden.

Für diese **h**ochfest **v**orgespannten (angezogenen) Schraubenverbindungen (= HV-Verbindungen) müssen Sechskantschrauben mit großen Schlüsselweiten verwendet werden. Die Vorspannung der Schraubenverbindung muss im elastischen Bereich des Schraubenwerkstoffs liegen. Deshalb haben HV-Schraubenwerkstoffe große Werkstofffestigkeit (10.9).
HV-Schrauben müssen auf der Stirnseite des Kopfs neben den Namen des Herstellers das Kennzeichen „HV" tragen. Die Löcher für diese Verbindungen müssen gebohrt werden; gestanzte oder durch thermisches Trennen hergestellte Löcher sind nicht zulässig.

Vergleichen Sie.

HV-Sechskantschraube DIN 6914 (ISO 7412)

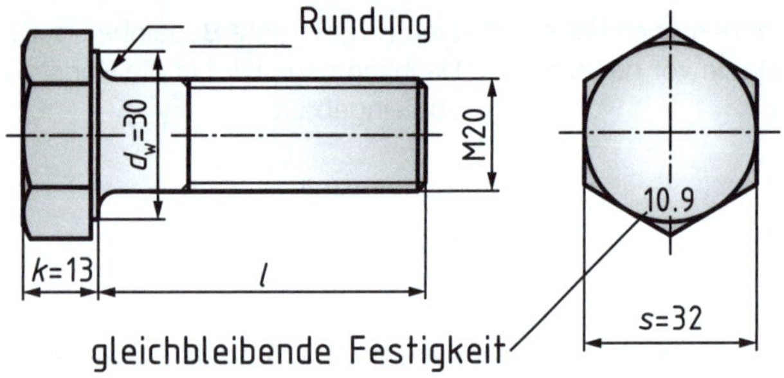

Handelsüblich ab M12 bis M36

Sechskantschraube DIN EN ISO 4014

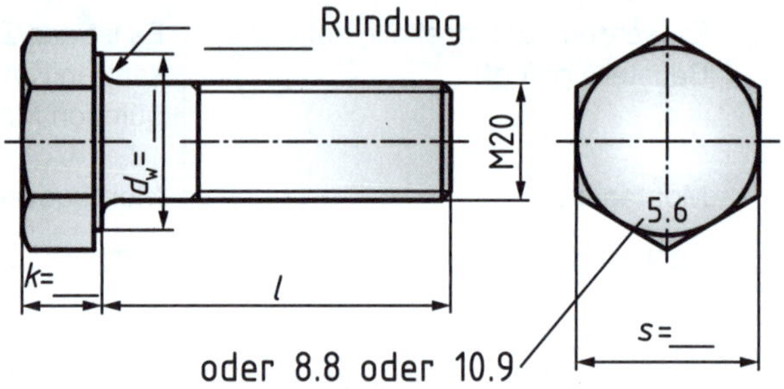

Handelsüblich ab M1,6 bis M56

Die große Rundung am Schraubenkopf erbringt eine verminderte Kerbwirkung bei Belastung der Schraube.
HV-Schrauben besitzen eine größere Schlüsselweite als übliche Sechskantschrauben. Begründen Sie dies.

Schraubverbindungen ohne Korrosionsschutzüberzug sind nach der Montage durch einen Anstrich zu schützen.

Normbeispiel für eine HV-Sechskantschraube M 20, Schaftlänge 80 mm:

Aufgabe: Erklären Sie die Festigkeitsangabe 10.9 einer HV-Schraube.

10.9
→
→

Ausführung einer HV-Verschraubung

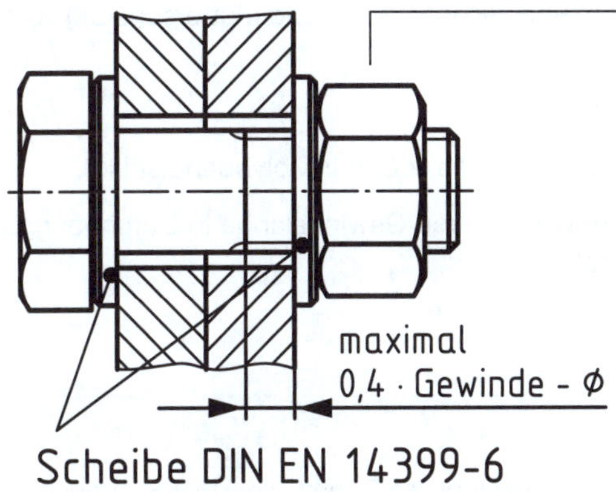

Sechskantmutter DIN EN 14399-4 mit großer Schlüsselweite ab M 12 bis M 36. Die Muttern müssen auf der Stirnseite das Kennzeichen „HV" tragen. Die Festigkeitsangabe ist 10.

Normbeispiel:

Sechskantmutter DIN EN 14399-4-M20-

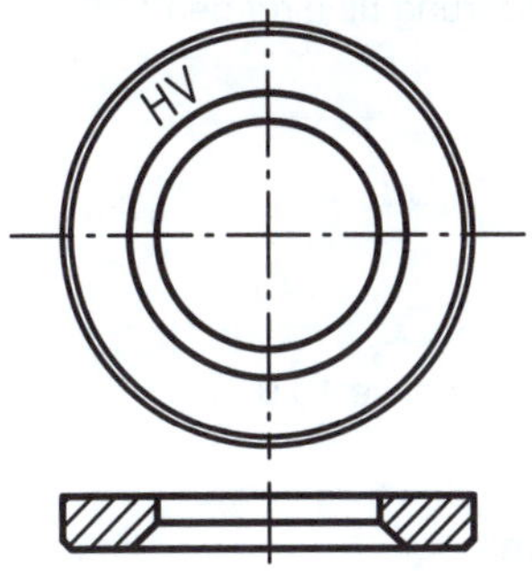

Die vergüteten Scheiben (C 45) tragen auf der Unterseite das Kennzeichen „HV". Eine HV-Verschraubung benötigt stets zwei HV-Scheiben.

Weshalb muss die Innenfase der Scheibe stets zum Schraubenkopf zeigen?

Normbeispiel für eine Scheibe DIN EN 14399-6, Schraubengröße M 20:

HV-Scheiben für U-Stähle (DIN 434) und I-Träger (DIN 435)

Vierkantscheiben verhindern an unebenen oder schrägen Auflageflächen (z. B. U-Stähle oder I-Träger) das Verbiegen des Schraubenschafts.

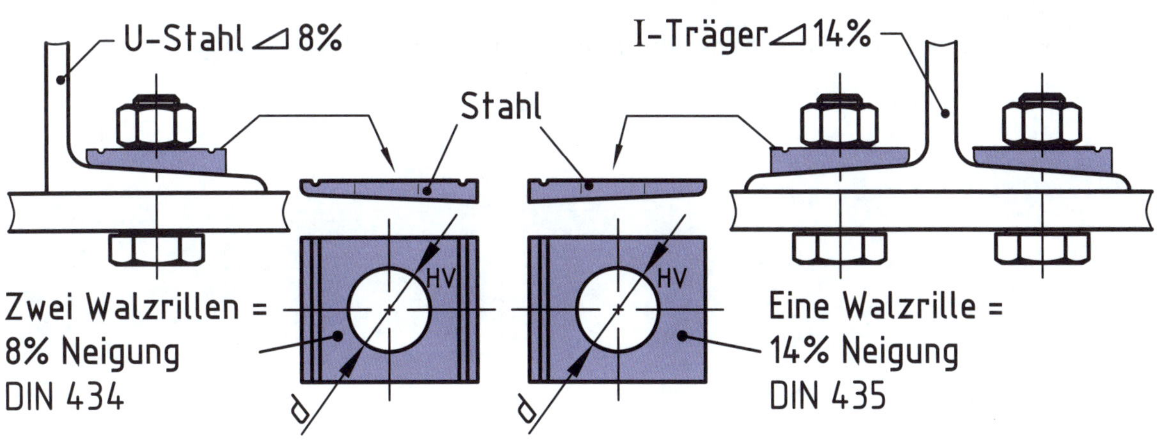

Werkstoff: C 45

Werkstoff: C 45

Normbeispiel für eine Scheibe an einem U-Stahl, Schraubengröße M 16:

Normbeispiel für eine Scheibe an einem I-Träger, Schraubengröße M 22:

Für HV-Verbindungen gilt:

1. HV-Schrauben müssen stets mit einer HV-Mutter und zwei HV-Scheiben (Kopfscheibe und Mutterscheibe) verbunden werden.
2. Schrauben, Muttern und Scheiben sollen vom selben Hersteller stammen.
3. Die Gewindegänge von feuerverzinkten Schrauben und Muttern sind zu ölen (z.B. mit Molybdändisulfid).
4. 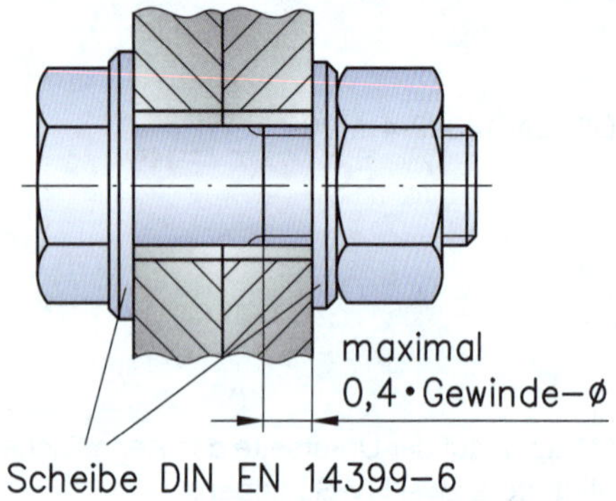

Begründen Sie, weshalb die Gewindelänge in Durchgangsbohrungen begrenzt ist.

Aufgabe:
Wie weit darf das Gewinde an Schaft einer HV-Schraube M 20 höchstens in die Durchgangsbohrung hineinragen?

5. Vorspannkräfte und Anzugsmomente für HV-Schraubenverbindungen

Ergänzen Sie mithilfe des Tabellenbuchs die Liste für HV-Schrauben der Festigkeitsklasse 10.9.
Bilden Sie Mittelwerte.

Gewindegröße	Vorspannkraft F_V (kN)	Anzugsmoment M_A (Nm)
M 8		
M 10		
M12		
M 16		
M 20		

Aufgabe:
Mit welchem Werkzeug kann das vorgeschriebene Anzugsmoment erreicht werden?

B. SL-Verbindungen

HV-Verschraubungen sind meist **S**cher-**L**ochleibungsverbindungen (SL-Verbindungen).

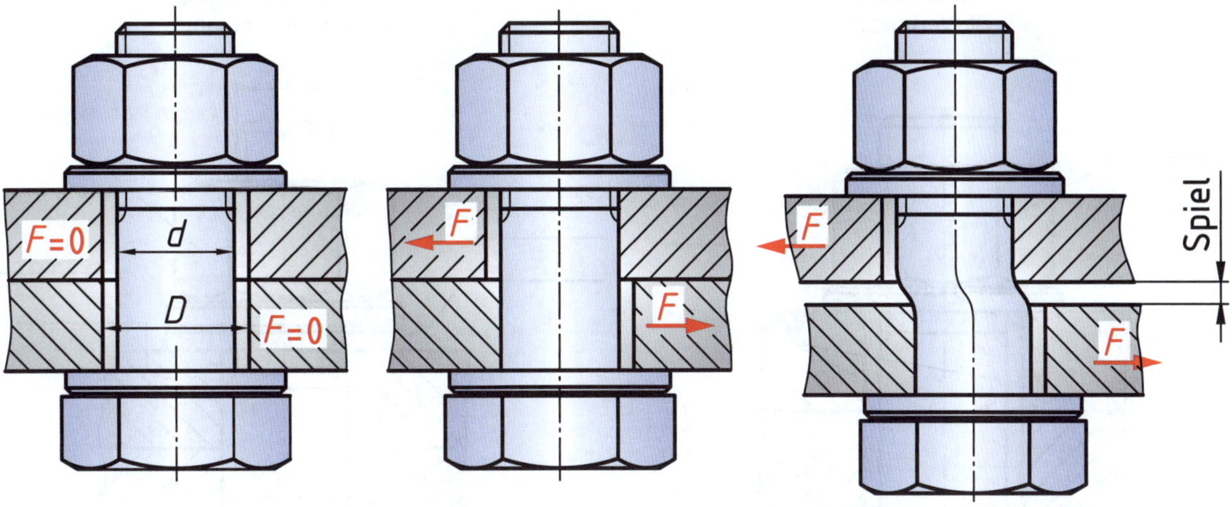

$D - d \leq 2$ mm

Die Kräfte drücken die Bohrungswandung (Lochwandung) bis zum Schraubenschaft

= ____________________

Zu große Kräfte bewirken:

1. Überdehnung der Schraube,
2. Spiel zwischen den Bauteilen,
3. Abscheren des Schraubenschafts,
4. Aufweiten der Bohrung.

Markieren Sie die Abscherstelle farbig.

Merke: SL-Verbindungen mit HV-Verschraubungen dürfen nur bei ruhender (statischer) Belastung verwendet werden.

Beispiel: ____________________

Sie dürfen nicht verwendet werden bei dynamischer (wechselnder) Belastung.

Beispiel: ____________________

HV-Verschraubungen können durch die hohe Werkstofffestigkeit stärker belastet werden als übliche Schraubenverbindungen.

Vorteile:
1. Weniger Schrauben,
2. weniger Bohrlöcher,
3. kleinere Knotenbleche und dadurch:
4. ____________________

C. SLP-Verbindungen

SLP-Verbindungen sind **S**cher-**L**ochleibungsverbindungen mit einer **P**assung zwischen geriebener Bohrung und dem Schraubenschaft (Spiel ≤ 0,3 mm).

HV-Verschraubung als SL-Verbindung

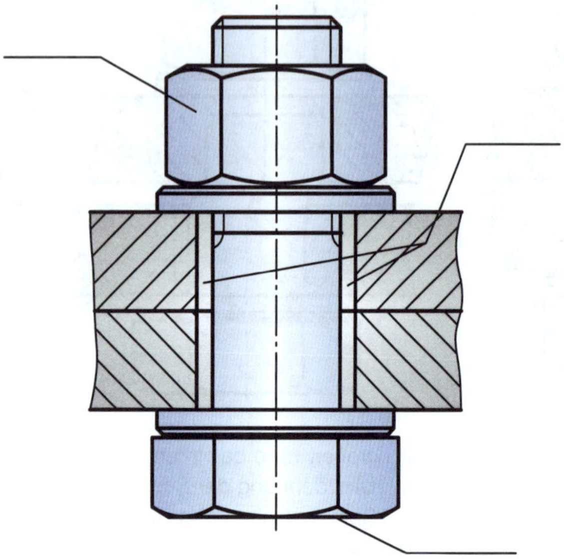

HVP-Verschraubung als SLP-Verbindung

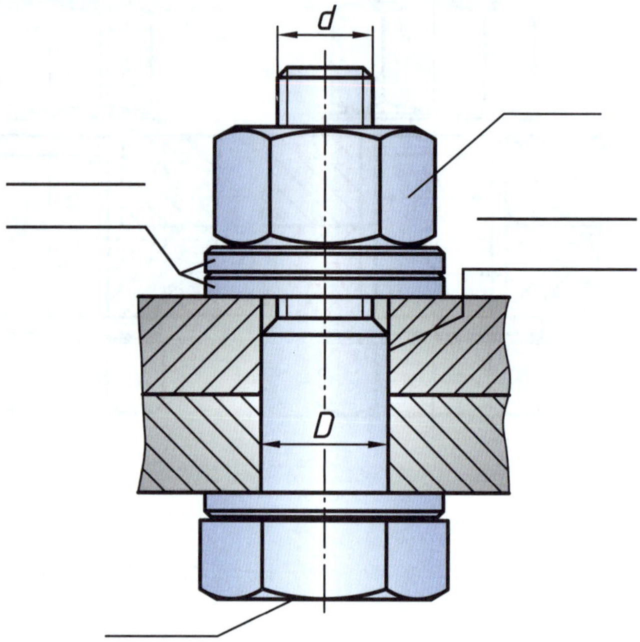

SLP-Verschraubungen dürfen auch bei dynamischen Belastungen verwendet werden. Die Mutter muss mit einer Verliersicherung versehen sein.

Verliersicherungen: ______________________________

D. GV-Verbindungen

Belastete SL-Verbindung

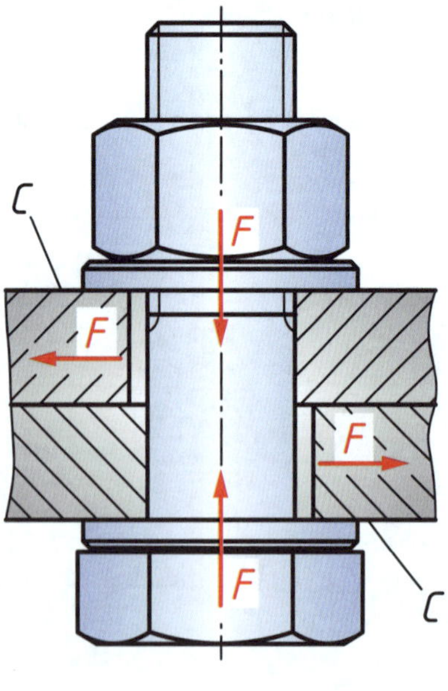

Differenz (Spiel) zwischen Bohrungs-Ø und Schraubenschaft: $D - d \leq 2$ mm

C = saubere, sandgestrahlte Oberfläche

Belastete GV-Verbindung
= **g**leitfeste **v**orgespannte Verbindung

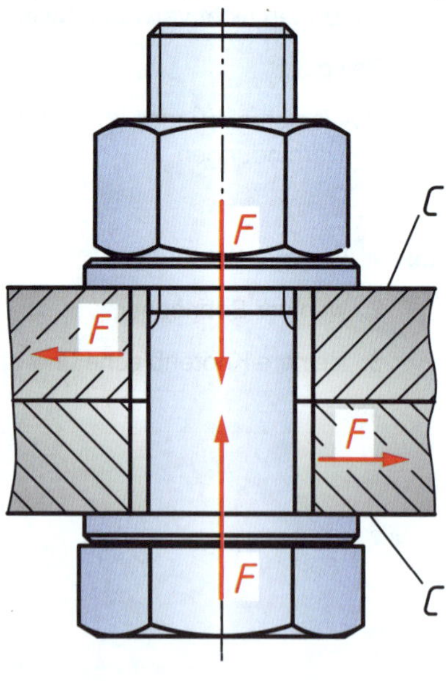

Nachteil: ______________________________

Vorteil: ______________________________

E. GVP-Verbindungen

Gleitfeste, **v**orgespannte Verbindungen mit einer **P**assung zwischen der geriebenen Bohrung und dem Schraubenschaft heißen GVP-Verbindungen.

Werkzeuge zum Vorspannen von GV-Verbindungen

1. Drehmomentschlüssel
2. Schlagschrauber mit einstellbarem Drehmoment (Drehimpulsverfahren)
3. Drehwinkelverfahren

Abhängig von der Schraubengröße wird zunächst ein Drehmoment ausgeübt. Anschließend wird die Verschraubung um einen zusätzlichen Drehwinkel mit einem speziellen Drehmomentschlüssel angezogen. Die Größen werden Tabellenbüchern entnommen.

Montagetemperaturen von GV-Verbindungen

Bei einer Außentemperatur von unter –10 °C müssen vor dem Verspannen die Schrauben und Muttern vorgewärmt werden.

Prüfen einer fertigen GV-Verbindung

Es müssen 5 % aller Schrauben, also jede ________ Schraube mit einem Prüfgerät auf richtige Vorspannung kontrolliert werden.

Anwendungsbeispiele für GV- und GVP-Verbindungen

Ruhende Belastungen, z. B. ____________________

Wechselnde Belastungen, z. B. ____________________

F. Zusammenfassung

Ordnen Sie zu: HVP, SL, GVP, GV, SLP

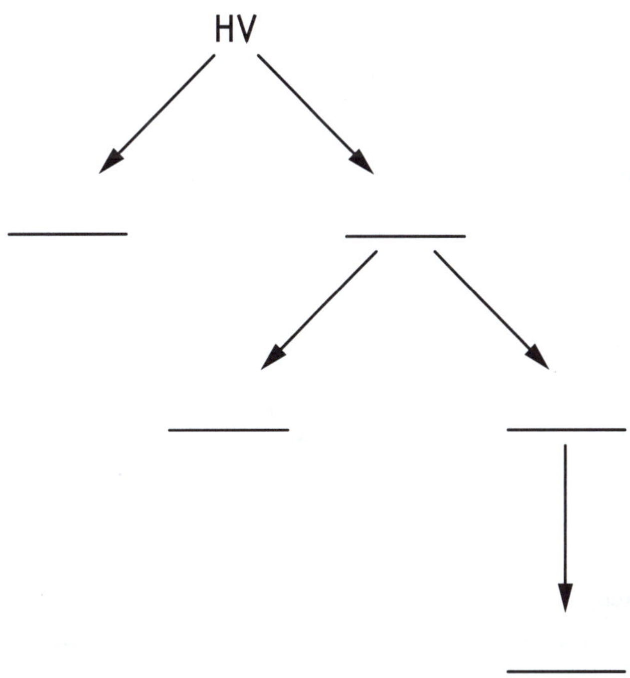

Schrauben verbinden Bauteile durch

____________-Schluss	____________-Schluss
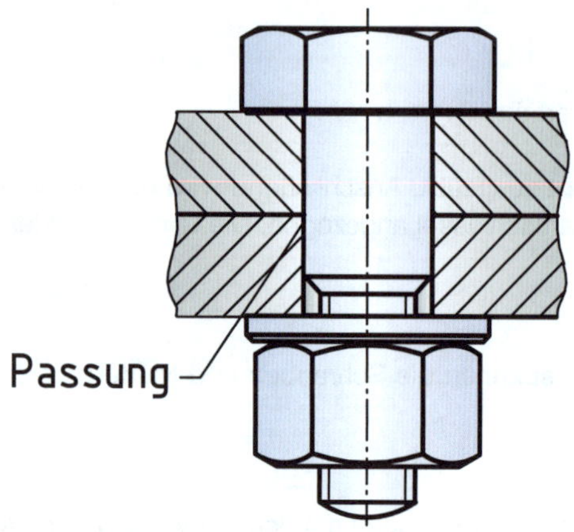	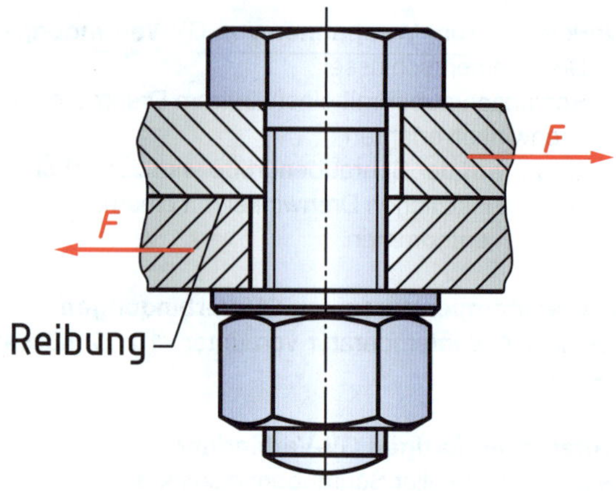

Schraubenverbindungen werden beansprucht auf

____________ oder auf ____________

A. Beanspruchung auf Zug

Eine HV-Sechskantschraube, DIN 6914-M 20 x 60-10.9, wird auf Zug beansprucht und nimmt eine ständig einwirkende Kraft von 65 kN auf.
Führen Sie den Nachweis durch, ob die Schraube diese Kraft tragen kann (= ____________________).
Dieser Nachweis ist dann erfüllt, wenn gilt:

$$F_{S,\,d} \leq F_{R,\,d}$$

S = stress (Beanspruchung)
R = resistance (Grenzwert)
d = design (Bemessungswert)

1. Bemessungswert der Kraft

$$F_{S,\,d} = \gamma_F \cdot \Psi \cdot F$$

a) Teilsicherheitsbeiwert γ_F

ständige Einwirkungen	1,35
veränderliche Einwirkungen	1,5

b) Kombinationsbeiwert Ψ

ständige Einwirkungen	1,0
eine veränderliche Einwirkung	1,0
mehr als eine veränderliche Einwirkung	0,9

Geg.:
Ges.: Tragsicherheitsnachweis

2. Grenzwert der Zugkraft $F_{R, d}$ (kN)

Der Grenzwert der Zugkraft wird einer Tabelle entnommen:

Festigkeitsklasse	M12	M16	M20	M24
4.6	22,43	39,88	62,31	89,73
5.6	28,04	49,85	77,89	112,2
8.8	49,03	91,15	142,4	205,1
10.9	61,28	113,9	178,0	256,4

Sie erinnern sich: $F_{S, d}$ $F_{R, d}$

$F_{S, d}$ = , $F_{R, d}$ =

Erkenntnis:

B. Beanspruchung auf Abscherung

Zwei Sechskantschrauben DIN 7990-M12 x 40, Festigkeitsklasse 5.6, verbinden ein Knotenblech mit einem U-Stahl. Die einzige einwirkende veränderliche Kraft beträgt 60 kN.
Überprüfen Sie die Schraubenverbindung auf Abscherung.

Auch hier gilt:

$$F_{S, d} \leq F_{a, R, d}$$

a = Abscherung

Geg.:

Ges.:

$$F_{a, R, d} = n \cdot m \cdot F_a$$

n = Anzahl der Schrauben
m = Anzahl der Scherflächen
F_a = Konstante der Abscherkraft

Anzahl der Scherflächen

Zeichnen Sie in die beiden Skizzen die Scherflächen ein.

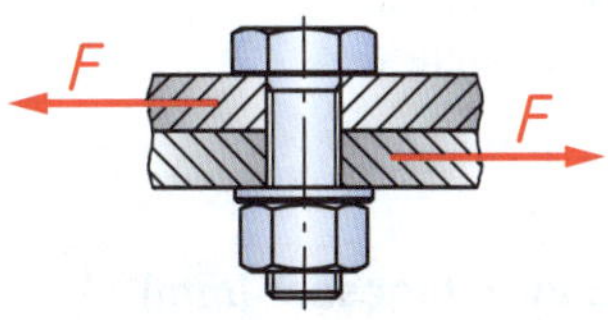

einschnittige Verbindung

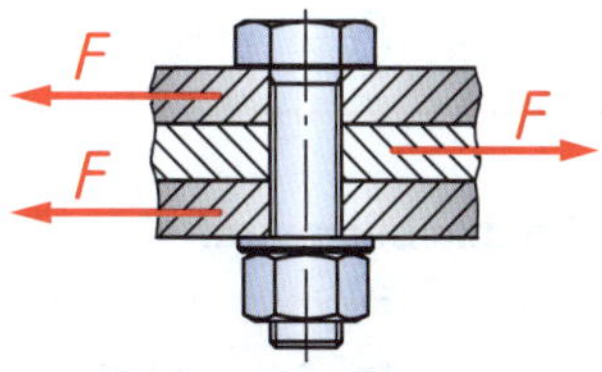

zweischnittige Verbindung

Konstante der Abscherkraft F_a (kN) je Schraube bei einschnittiger Verbindung

Festigkeitsklasse	M12	M16	M20	M24
5.6	36,20	61,90	94,46	133,9
8.8	57,92	99,05	151,1	214,2
10.9	66,37	113,5	173,2	245,4

$F_{S, d}$ =

$F_{a, R, d}$ =

Erkenntnis:

C. Beanspruchung auf Lochleibung

Die skizzierte einschnittige GV-Schraubenverbindung M 24 soll eine ständig einwirkende Kraft von 80 kN übertragen.
Der Werkstoff der Bauteile ist S 235 JO.
Berechnen Sie die Tragsicherheit der Scher-Lochleibung.
Auf die Wandung von Bohrlöchern wirkt eine Kraft, die als Lochleibungskraft bezeichnet wird.

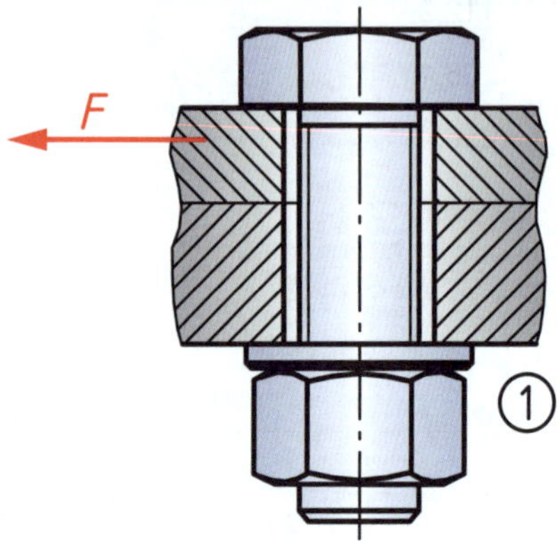

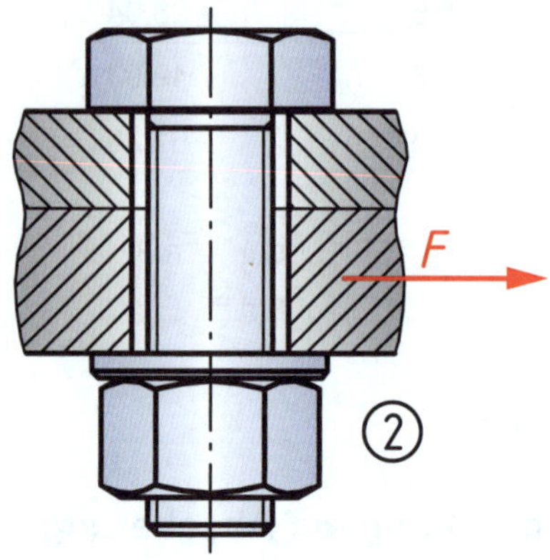

Aufgabe: Kennzeichnen Sie in den Skizzen ① und ② farbig die projizierten Flächen, welche die Lochleibung aufnehmen.

Erkenntnis:

Bemessungswert der Kraft ≤ Grenzwert der Leibungskraft

$$F_{S,\,d} \leq F_{L,\,R,\,d}$$

L = Leibungskraft

Geg.:

Ges.: Tragsicherheitsnachweis

$$F_{L,\,R,\,d} = n \cdot t_{min} \cdot F_L$$

n = Anzahl der Schrauben
t_{min} = Dicke des dünnsten Materials (cm)
F_L = Konstante der Lochleibungskraft

Konstante der Lochleibungskraft F_L (kN/cm)

Verbindung	Bauteilwerkstoff	Lochdurchmesser (mm)			
		13 (M12)	17 (M16)	21 (M20)	25 (M24)
SL, GV	S 235 JR	49,75	66,33	82,91	99,49
SLP, GVP	S 235 JR	53,87	70,47	87,05	103,6
SL, GV	S 355 JO	74,62	99,49	124,4	149,2
SLP, GVP	S 355 JO	80,84	105,7	130,6	155,5

$F_{L,\,R,\,d} =$
$F_{L,\,R,\,d} =$
$F_{S,\,d} =$
$F_{L,\,R,\,d} =$

Erkenntnis:

1. Aufgabe: Bei einer Stahlbaukonstruktion werden zum Verbinden der Winkelstähle Knotenbleche verwendet und mit drei Schrauben durch eine GV-Verbindung gefügt.
Es wirkt eine veränderliche Kraft von 500 kN.
Es werden verwendet:
L EN 156-1-60 x 60 x 8-S 235 JO
▭ DIN 1017-120 x 6-S 335 JO
Sechskantschraube DIN 6914-M16 x 40-10.9
Überprüfen Sie die Tragsicherheit bei
a) Abscherung,
b) Lochleibung.

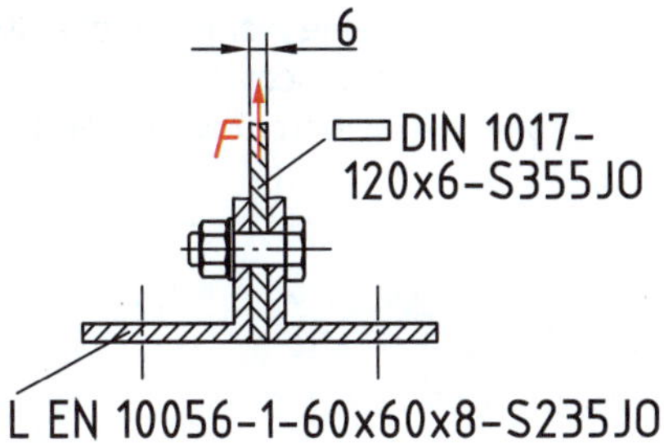

2. Aufgabe: Eine HV-Sechskantschraube M 12 wird durch eine veränderliche Kraft von 40 kN beansprucht.
Überprüfen Sie die Tragfähigkeit.

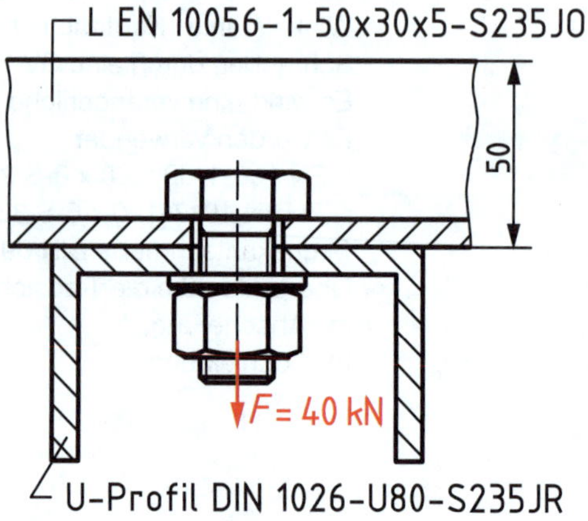

3. Aufgabe: In der 2. Aufgabe wird die Kraft auf 100 kN erhöht.
Bestimmen Sie den Durchmesser der Sechskantschraube.

Der Skelettbau einer Halle bekommt eine Außenverkleidung aus Trapezblechen. Für die Montage sind Gerüste notwendig.
Gerüste sind Konstruktionen aus verzinkten Stahl- oder Aluminiumrohren. Länge, Breite und Höhe können beim Aufbau verändert werden. Gerüste tragen Personen, Werkzeuge und Baustoffe, sie sichern Arbeitskräfte gegen Abstürze und schützen vor herabfallenden Gegenständen.

Gerüstarten (Auswahl)

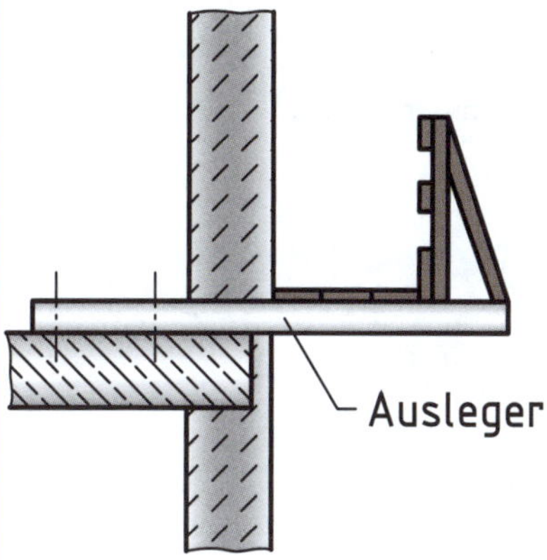

______-Gerüst

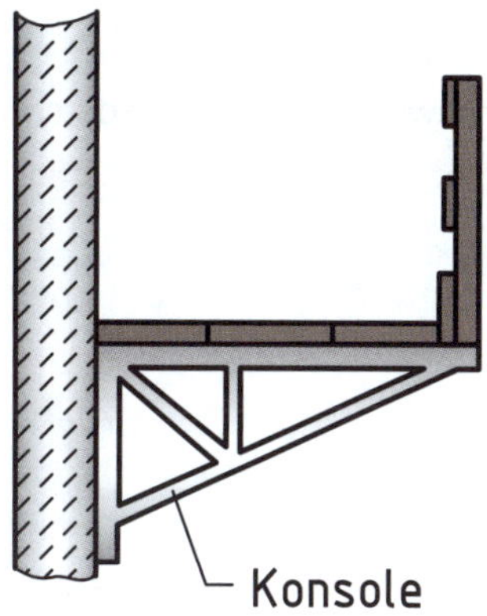

______-Gerüst

______-Gerüst

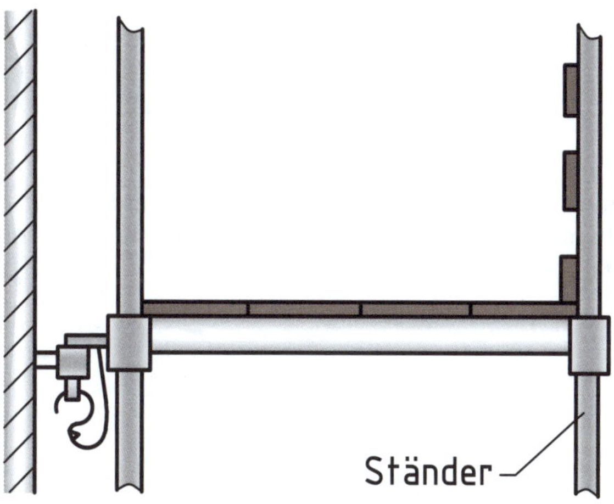

______-Gerüst

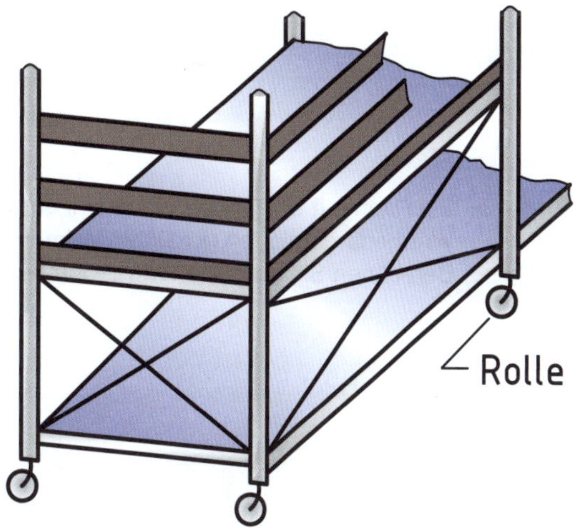

______-Gerüst

Für alle Gerüste gilt:

1. Beim Arbeiten auf Gerüsten Schutzhelm und Sicherheitsschuhe tragen.
2. Beschädigte Gerüstbauteile dürfen nicht verwendet werden.
3. Gerüste sollen auf tragfähigem Untergrund stehen.
4. Gerüste müssen lotrecht aufgestellt werden.
5. Horizontal- und Vertikalverstrebungen (Verbände) sind vorzusehen.
6. Gegen Kippen schützt das Verankern mit dem Bauwerk.
7. Gerüste dürfen nicht überbelastet werden.

A. Verbesserter Wärmedurchgangskoefizient

Ein Lüftungskanal hat die Wärmedurchgangszahl von 4 $W/m^2 \cdot K$. Diese wird durch Dämmen mit 10 mm Mineralwolle ($\gamma = 0{,}035$ W/m · K) verbessert.
Wie groß (in $W/m^2 \cdot K$) ist jetzt der neue Wärmeduchgangskoeffizient?

Geg.:

Ges.:

U_{alt} =

$R_{T\,alt}$ = = =

Zu diesem alten Wärmedurchgangswiderstand kommt durch Wärmedämmung hinzu:

R = = =

Also wird

$R_{T\,neu}$ = = =

und die neue Wärmeduchgangszahl

U_{neu} = = =

Zusammenfassung: $R_{T\,neu}$ = ($m^2 \cdot K/W$)

U_{neu} = ($W/m^2 \cdot K$)

Aufgabe: Ein Dach mit $U = 3{,}2\ W/m^2 \cdot K$ soll durch Wärmedämmung verbessert werden. Dazu werden 40 mm dicke Wärmedämmplatten ($\gamma = 0{,}025$ W/m · K) und 16 mm dicke Spanplatten ($\gamma = 0{,}17$ W/m · K) verwendet. Berechnen Sie die neue Wärmedurchgangszahl.

B. Wärmedämmdicke

1. Aufgabe: Die Außenwand einer Werkstatt hat die Wärmedurchgangszahl von 1,3 W/m^2 · K. Diese soll durch nachträgliche Wärmedämmung auf 0,5 W/m^2 · K verbessert werden.
Wie dick (in mm) muss eine Dämmplatte (λ = 0,03 W/m · K) sein, damit der verbesserte Durchgangskoeffizient erreicht wird?

Geg.:

Ges.:

R_{neu} =

=

=

=

= (m) in in in

=

=

=

=

=

2. Aufgabe: Das Stahltor einer Maschinenhalle ist 7,68 m^2 groß und besitzt die sehr schlechte Wärmedurchgangszahl von 5,8 W/m^2 · K. Diese soll durch Montage von Wärmedämmplatten (λ = 0,032 W/m · K) auf 0,9 W/m^2 · K gesenkt werden.

a) Berechnen die die Dicke (in mm) der Wärmedämmung.

b) Wie viel Watt werden durch diese Maßnahme eingespart, wenn zwischen Innen- und Außentemperatur 30 K Unterschied sind?

Der Verbrauch an Energie nimmt ständig zu. Die Vorräte auf der Erde sind jedoch begrenzt.

Energie	Reserven (t)	Jahresverbrauch (t)	Nutzungsdauer (Jahre)
Erdöl	202 400 000 000	4 800 000 000	
Erdgas	175 000 000 000	2 900 000 000	
Kohle	800 000 000 000	3 200 000 000	

Wie man sehen kann, ist diese Primärenergie zeitlich begrenzt. Deshalb wird heute erneuerbare Energie immer häufiger eingesetzt.
Nennen Sie Arten erneuerbarer Energie.

Primärenergie und erneuerbare Energie werden in Sekundärenergie (z. B. elektrischer Strom, Wärmeenergie) umgewandelt und den Verbrauchern zur Verfügung gestellt.
Um Energie einzusparen, wurde vom Gesetzgeber 2002 die **En**ergie**e**inspar**v**erordnung (EnEV) beschlossen.

Ziele dieser Verordnung sind
- die Senkung des Wärmebedarfs in Gebäuden sowie
- die Verringerung der dabei entstehenden Schadstoffe (CO_2-Emission).

Nennen Sie Möglichkeiten, Wärmeverluste und den Schadstoffausstoß zu verringern.

A. Naturmagnet

Ein Naturmagnet zieht Eisenteile an. Diese Anziehungskraft ist an den Polen am größten.

Versuch: Ein Naturmagnet wird mit Eisenfeilspänen bestreut.

Erkenntnis: Der Magnet ist von einem Magnetfeld umgeben, das in Kraftlinien verläuft.

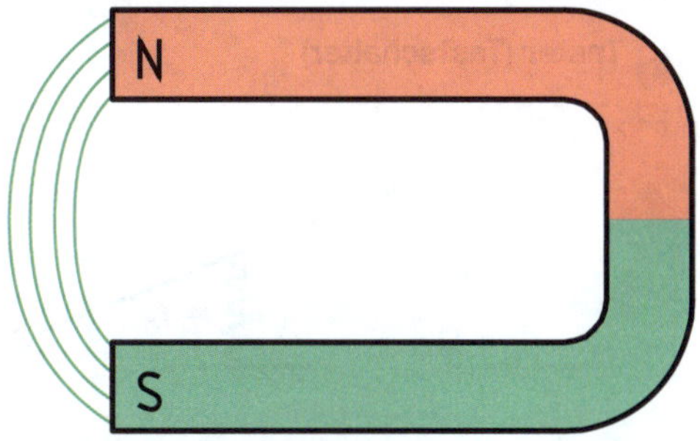

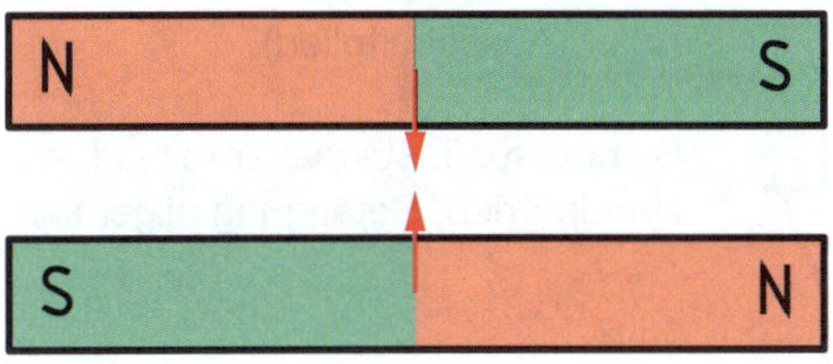

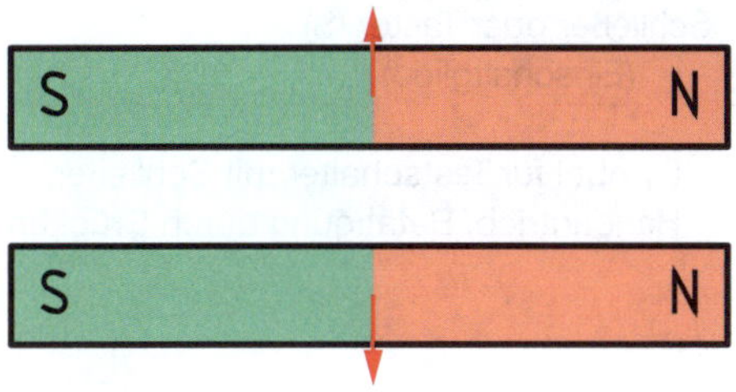

Ungleiche Pole ______________________. Gleiche Pole ______________________.

B. Künstlicher Magnet

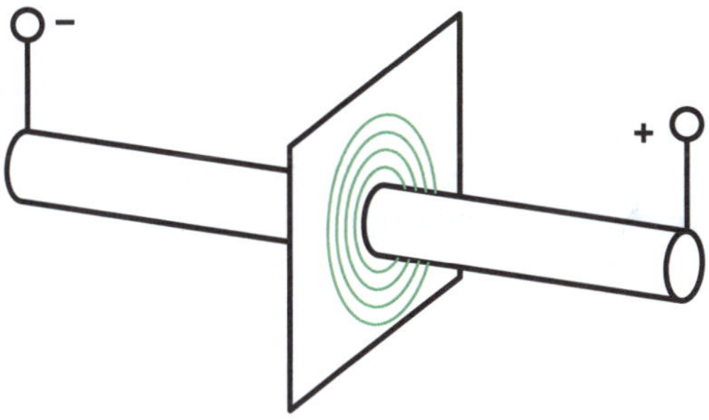

Fließt in einem elektrischen Leiter Strom, so baut sich um ihn herum ein Magnetfeld auf.

Das Magnetfeld wird umso stärker, je mehr Windungen die Spule enthält. Wird in die Spule ein Magnetkern eingeschoben, so sammeln sich dort die Kraftlinien.

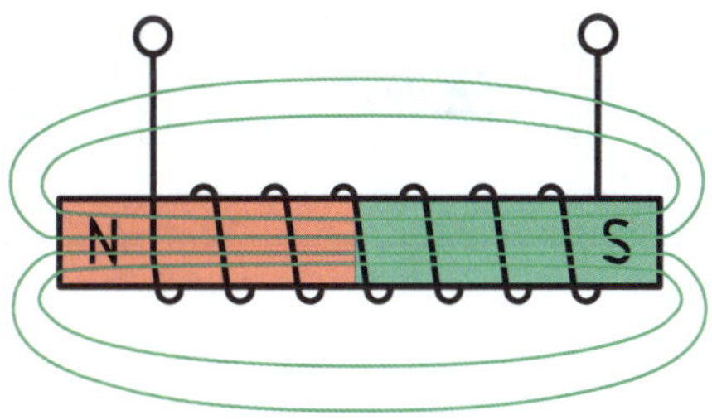

C. Elektromagnetische Wirkung

Versuch: Über einen Naturmagneten wird eine Spule geschoben. An die Spule wird Spannung angelegt.

Beobachtung: ______________________

Erkenntnis: ______________________

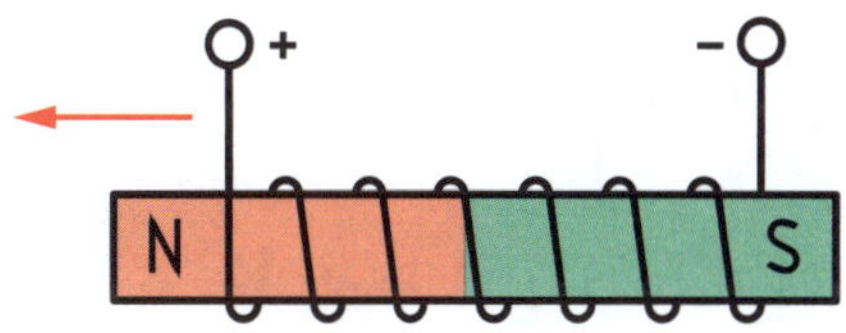

D. Induktionswirkung

Versuch: Die Spule wird an einen Strommesser angeschlossen und über den Naturmagneten geschoben.

Beobachtung: ______________________

Erkenntnis: ______________________

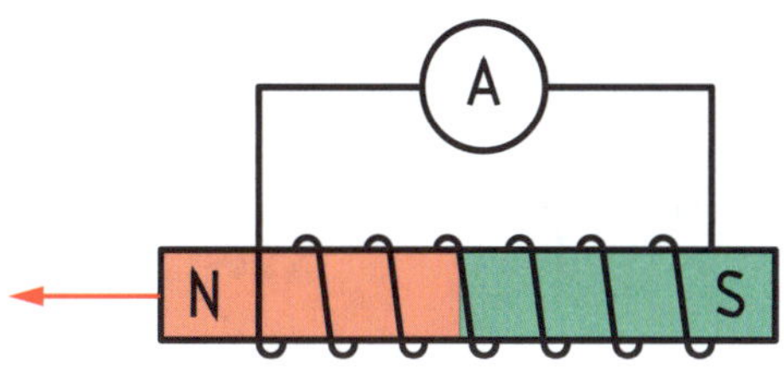

A. Elektrische Bauteile

1. Taster (Tastschalter)

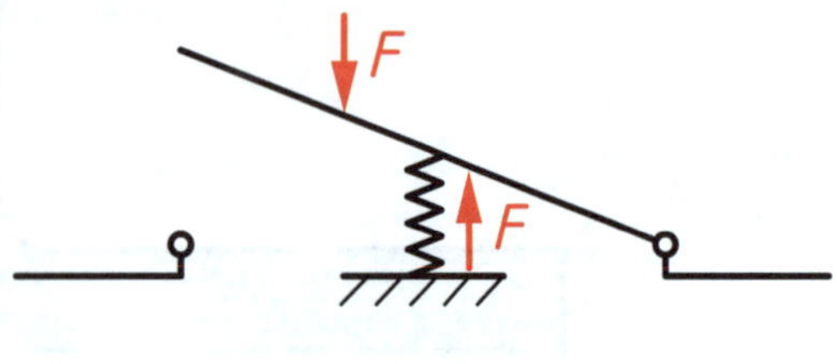	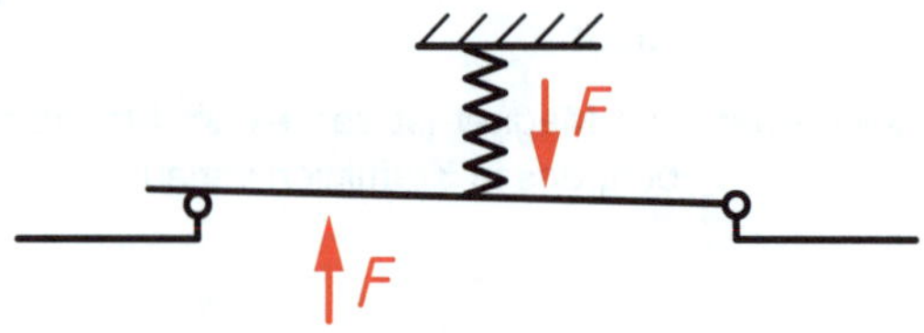
Schließer oder Taster (S) (Einschaltglied)	Öffner (Ö) (Ausschaltglied)
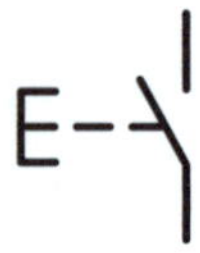 Symbol für Tastschalter mit Schließer, Handantrieb, Betätigung durch Drücken	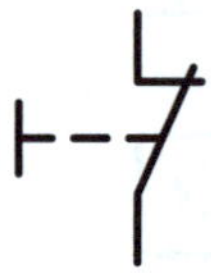 Symbol für Tastschalter mit Öffner, Handantrieb, Betätigung allgemein

Merke: Tastschalter (z. B. Klingelknopf) wirken nur während der Betätigung und werden nach dem Loslassen durch eine Druckfeder in die Ausgangsstellung gebracht.

2. Stellschalter

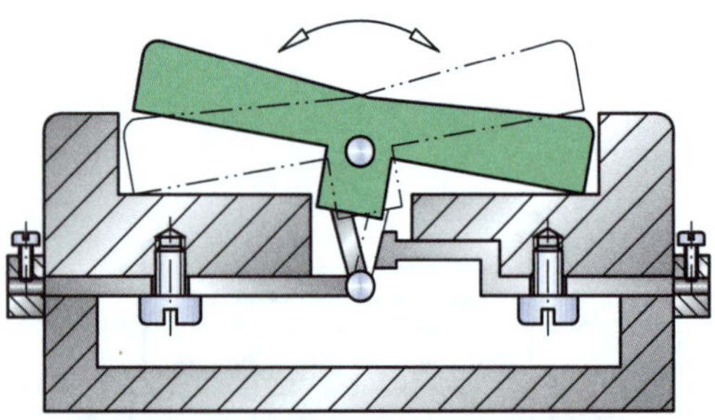

Symbol für Stellschalter,
Betätigung durch Kippen

Merke: Stellschalter (Kippschalter) bleiben nach der Betätigung in der ______________________.

Sie haben zwei Schaltstellungen: ______________

3. Weitere Schaltsymbole (Auswahl)

		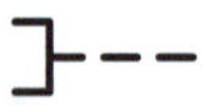	
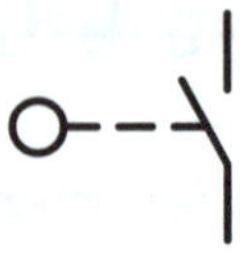		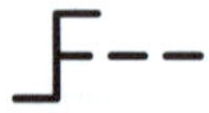	

4. Relais und Schütze

Relais und Schütze sind elektromagnetisch betätigte Kontakte.

Relais (K)	Schütz (K)
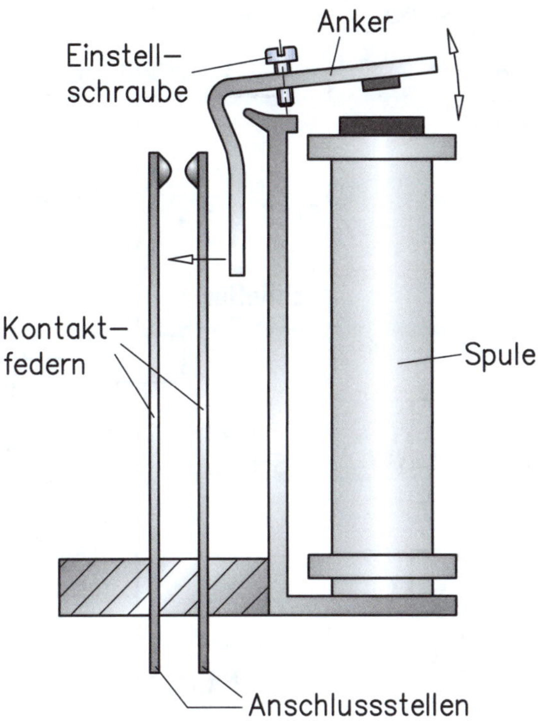	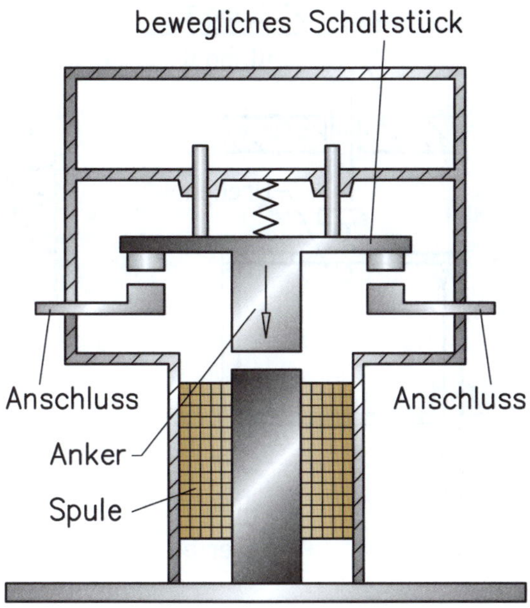
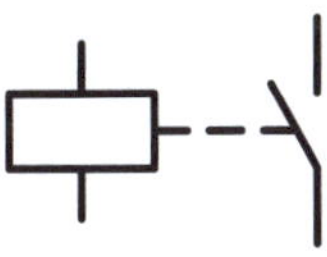 Relais-Symbol mit Schließer	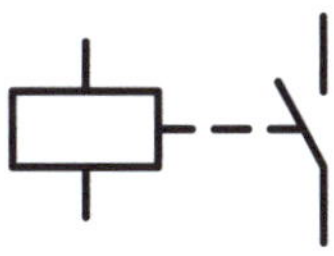 Schütz-Symbol mit Schließer
Bis 1 kW Schaltleistung	Bis 500 kW Schaltleistung

Wird die Spule vom elektrischen Strom durchflossen, bildet sich ein Magnetfeld. Dabei wird der Anker angezogen und schließt die Kontakte.

Anwendungsmöglichkeiten:

B. Elektrische Grundschaltungen

Elektrische Stromlaufpläne werden immer im Ausgangszustand gezeichnet.
In der Regel ist das der stromlose Ruhezustand.
Vergleichen Sie.

Mechanischer Funktionsplan	Pneumatischer Schaltplan	Elektrischer Stromlaufplan

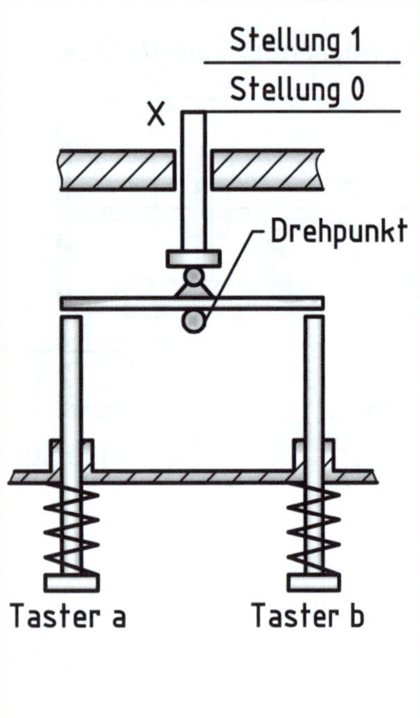

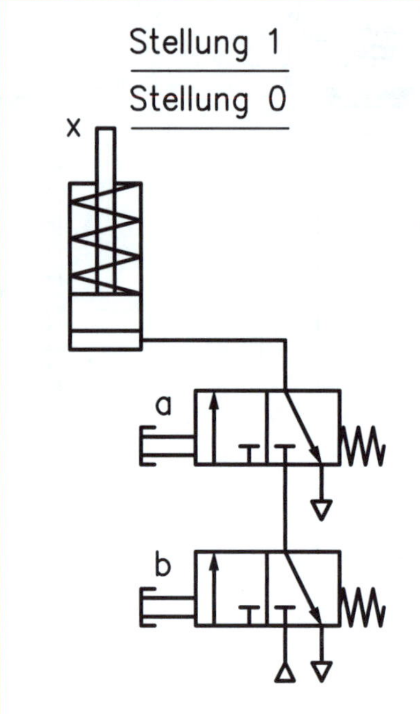

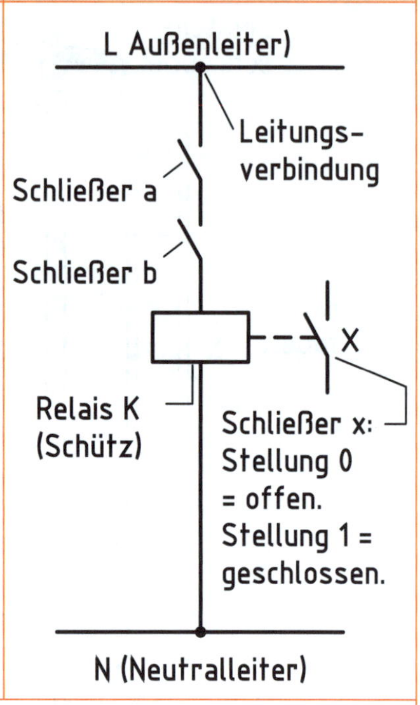

Wie kann die Schaltstellung 1 (Schließer x ist geschlossen) erreicht werden?

Wie wird diese Schaltung bezeichnet?

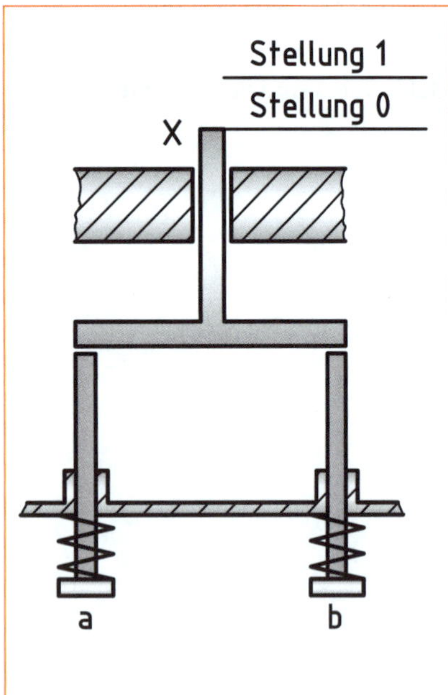

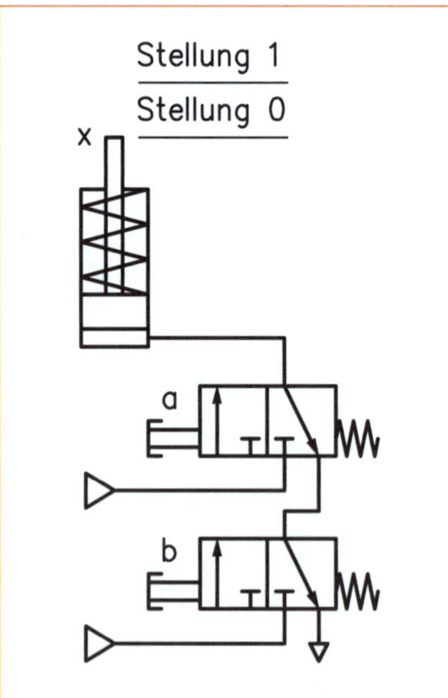

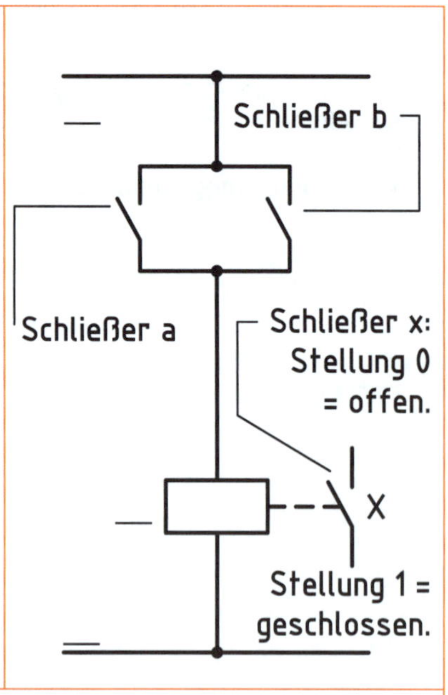

Wie kann die Schaltstellung 1 (Schließer x ist geschlossen) erreicht werden?

Wie wird diese Schaltung bezeichnet?

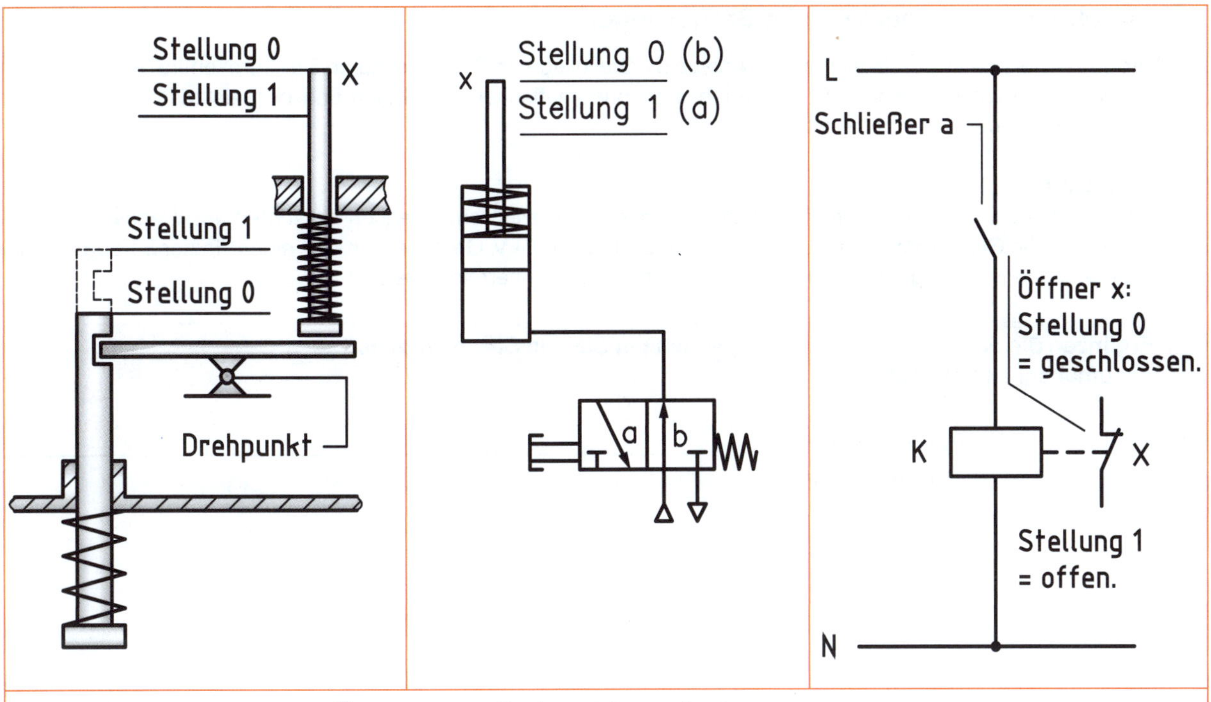

Wie kann die Schaltstellung 1 (Öffner x ist geöffnet) erreicht werden?

Wie wird diese Schaltung bezeichnet?

C. Einfache elektropneumatische Steuerungen

Werden in einer pneumatisch gesteuerten Anlage die Stellglieder (z.B. Ventile) durch Elektromagnete betätigt, so spricht man von elektropneumatischen Steuerungen. Den pneumatischen Schaltplan und den elektrischen Stromlaufplan zeichnet man in der Regel getrennt.

1. **Aufgabe:**
   Ein doppelt wirkender Pneumatikzylinder soll mit einem elektromagnetisch betätigten 4/2-Wegeventil gesteuert werden. Die Gleichspannung im Steuerstromkreis beträgt 24 V. Gestartet wird mit einem Taster S1 durch Drücken. Die Ausgangsstellung soll mit einem Taster S2 durch Ziehen erreicht werden.

Ergänzen Sie den pneumatischen Schaltplan.	**Zeichnen Sie den Stromlaufplan.**

M	Antriebe (Stellantrieb, Betätigungsspule, Elektromotor, Linearmotor)		Ventil
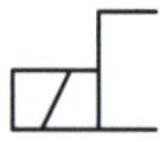	Betätigung eines Ventils durch einen Elektromagneten	S	Schalter, Taster
		K	Schütz, Relais
B	Sensor	H	Signalleuchte
		1,2 …	Strompfade

Funktionsbeschreibung:

2. Aufgabe:

Ein doppelt wirkender Pneumatikzylinder Z1 (gesteuert über ein elektromagnetisches 4/2-Wegeventil mit Federrückstellung) soll in seiner Endlage über einen rollenbetätigten Taster S2 den Kolben eines doppelt wirkenden Zylinders Z2 (ebenfalls über ein elektromagnetisches 4/2-Wegeventil mit Federrückstellung) ausfahren.

Gestartet wird mit Taster S1. Eine Raste soll eine selbsttätige Rückkehr des Tasters S1 in die Ausgangsstellung verhindern. Die Gleichspannung im Stromkreis beträgt 24 V. Die Ausgangslagen der beiden Zylinder werden durch das Entriegeln von S1 erreicht.

Ergänzen Sie den pneumatischen Schaltplan.

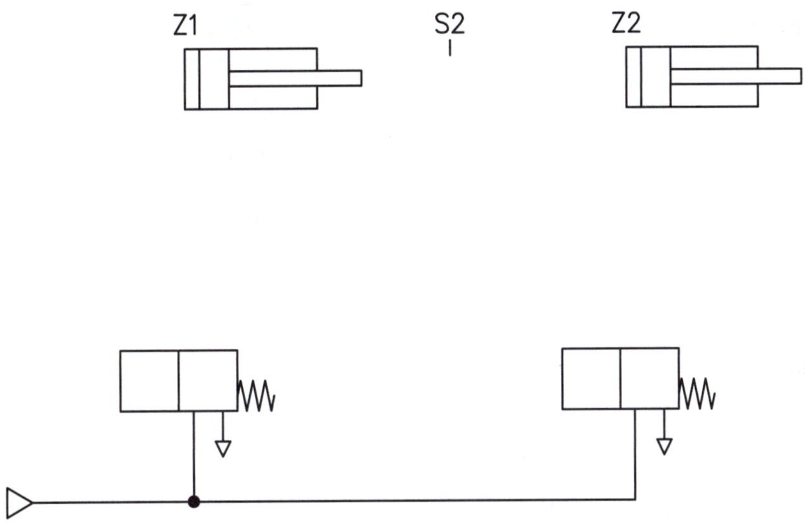

Zeichnen Sie den Stromlaufplan.

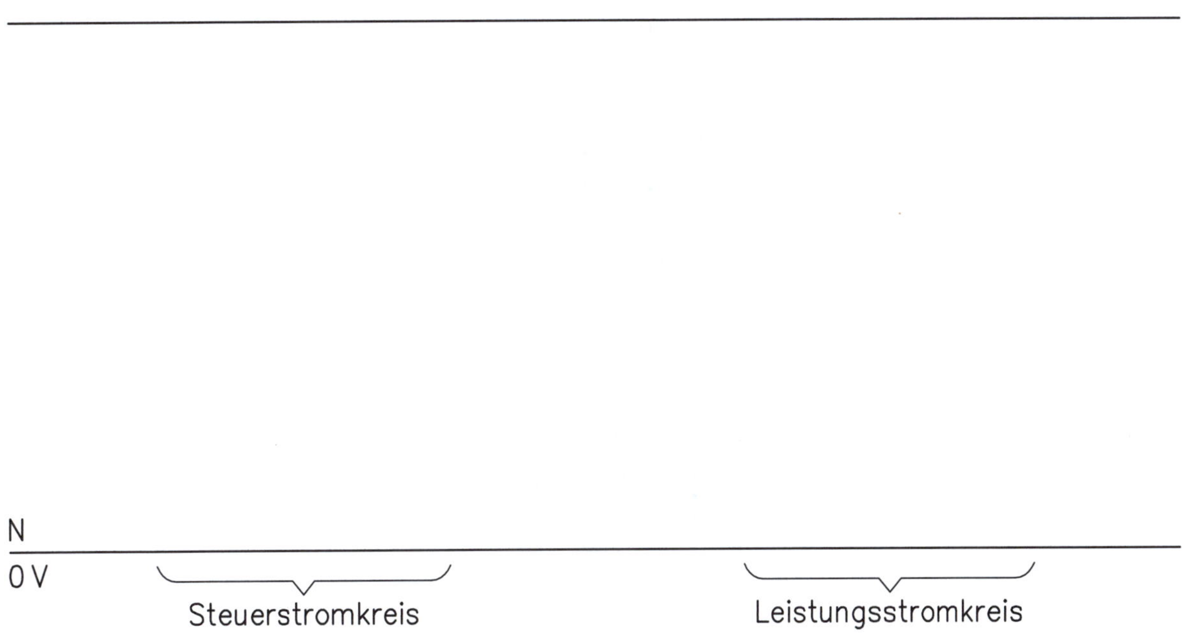

D. Folgerichtige (logische) Verknüpfungen

Türen und Tore dürfen sich erst öffnen oder schließen, wenn sich im Bewegungsbereich kein Hindernis befindet. Solche Bedingungen werden in der Steuerungs- und Regeltechnik als binäre (= zwei) Signale verarbeitet:
Hindernis vorhanden – Hindernis nicht vorhanden

Weitere binäre Signale

Beispiel	Arbeitsweise
2/2-Wegeventil	______ oder ______
Relais	______ oder ______
Elektr. Strom	______ oder ______
Polarität	______ oder ______
Aussage	______ oder ______
Zahlen	______ oder ______

Einfache binäre Signale

Zustand	Rechen-symbol	Logiksymbol	Beispiel
Ja	=	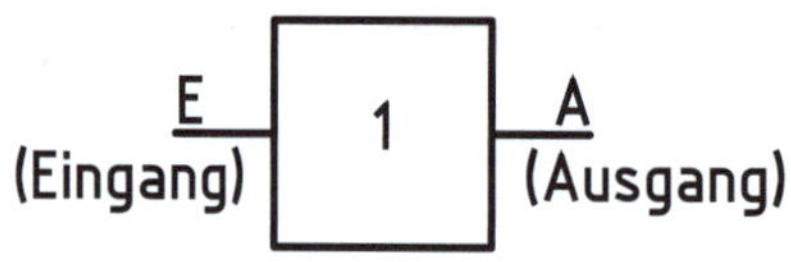	
Nicht	–	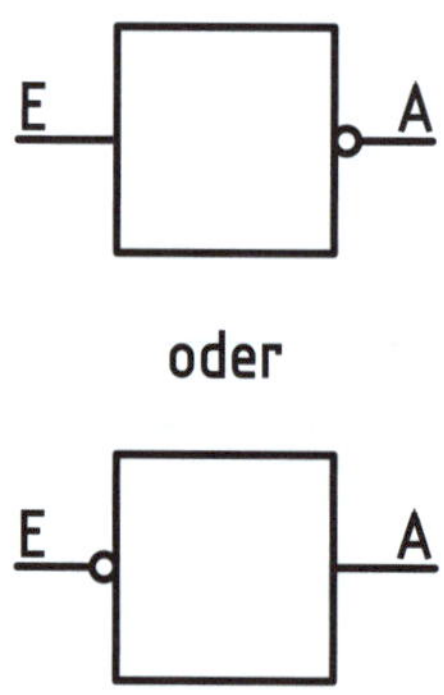	
Und	∧	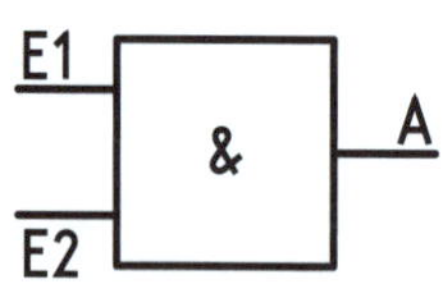	
Oder	∨	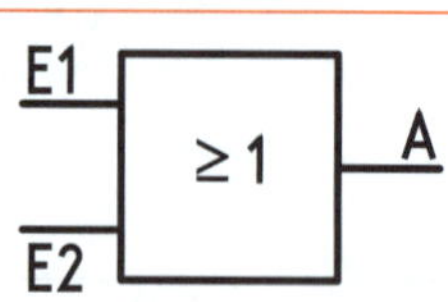	

Konstruktionsmechanik	Datum:	**Montieren und Demontieren von Metallkonstruktionen**	Lernfeld 11
Name:	Klasse:	***Elektrische Steuerungen***	**9**

Beispiele: Ergänzen Sie.

E1 ∧ E2 ∧ E3 = A	
	Eingangssignal 2 oder Eingangssignal 4 ergeben das Ausgangssignal A.
$\overline{\text{E3}}$ = A	
	Eingangssignal E1 ergibt das Ausgangssignal A.

Kombinationen (Verknüpfungen) von Signalen

a)

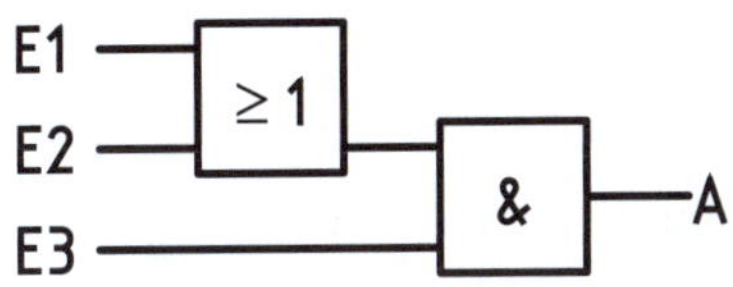

Eingangssignal E1 oder Eingangssignal E2 und Eingangssignal E3 ergeben das Ausgangssignal A.
(E1 ∨ E2) ∧ E3 = A

b)

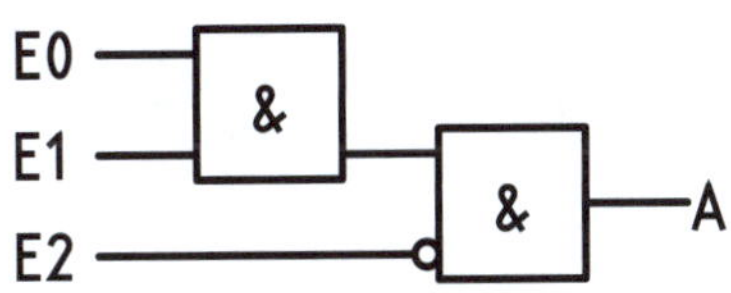

c)

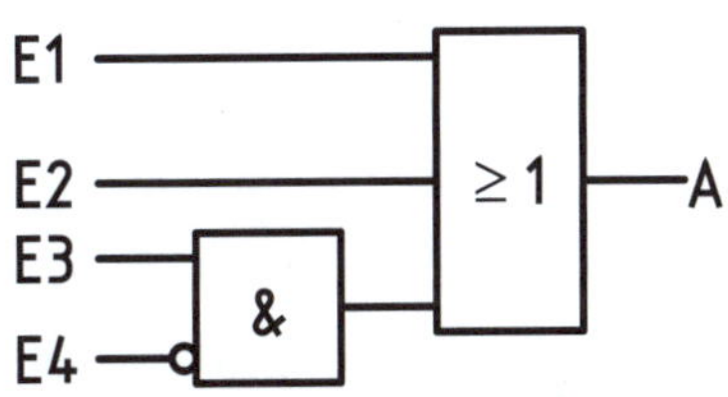

d)

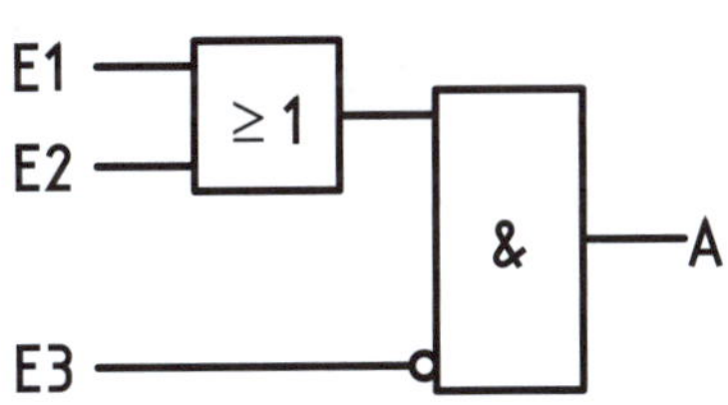

1. **UND-Verknüpfung**

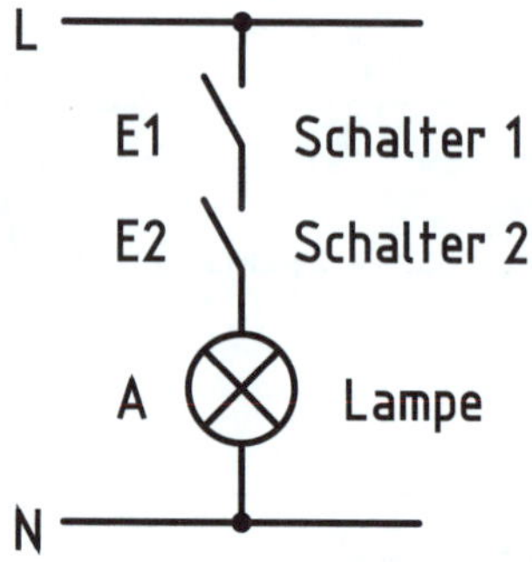

Logiksymbol

$E1 \wedge E2 = A$

Werte- oder Arbeitstabelle

Anzahl der Schaltmöglichkeiten: ____________

Dies kann auch berechnet werden: 2^n

n = Anzahl der Eingänge, also: ____________

Schaltmöglichkeiten	E1	E2	Ausgangszustand	A
	0	0		
	1	0		
	0	1		
	1	1		

E1 wechselt das Signal stets mit 0, 1, 0, 1, 0 ..., also Einfach-Wechsel.
E2 wechselt das Signal stets mit 0, 0, 1, 1, 0, 0 ..., also Zweifach-Wechsel.
E3 wechselt das Signal stets mit 0, 0, 0, 0, 1, 1, 1, 1, 0 ..., also Vierfach-Wechsel.

Der Ausgangszustand kann auch berechnet werden:
Das Symbol ∧ bedeutet · ,
das Symbol ∨ bedeutet + ,
das Symbol – bedeutet – .

2. **ODER-Verknüpfung**

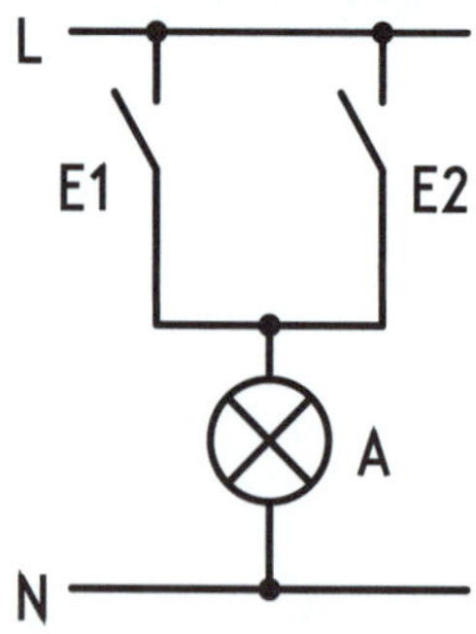

Logiksymbol

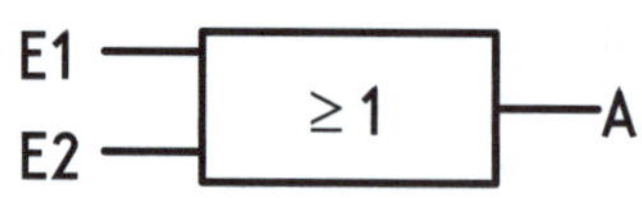

$E1 \vee E2 = A$

Schaltmöglichkeiten	E1	E2	Ausgangszustand	A

Da das Binärsystem nur auf die Zahlen 0 und 1 aufgebaut ist, ist das Ergebnis der Addition 1 + 1 ≠ 2, sondern 1.

1. **Aufgabe:**
Der Schneidevorgang einer hydraulischen Maschinenschere ist möglich, wenn das Schutzgitter geschlossen ist und mit jeder Hand gleichzeitig ein elektrischer Taster gedrückt wird.
Taster rechte Hand = E1, Taster linke Hand = E2, Schutzgitter = E3
Bestimmen Sie:
a) das logische Bildsymbol,
b) den Stromlaufplan,
c) den hydraulischen Schaltplan,
d) die Anzahl der Schaltmöglichkeiten und die Arbeitstabelle,
e) die Formel (= Funktionsgleichung).
f) Bei welcher Schaltmöglichkeit findet der Schneidevorgang statt? Beschreiben Sie die Signalverknüpfung.

a)

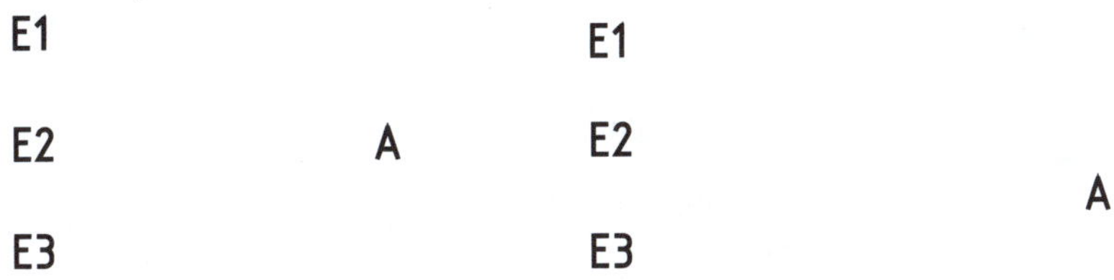

b)

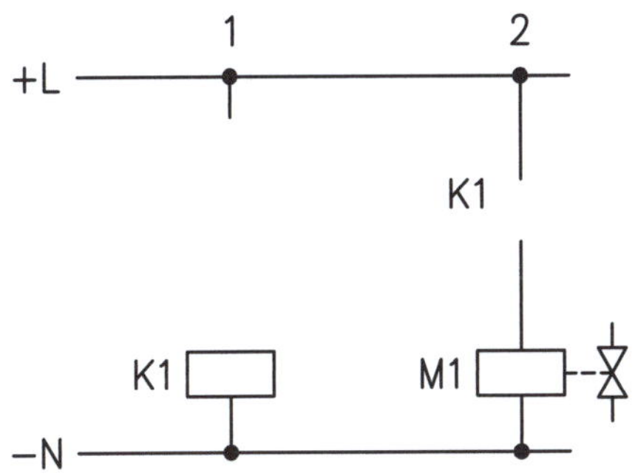

c)

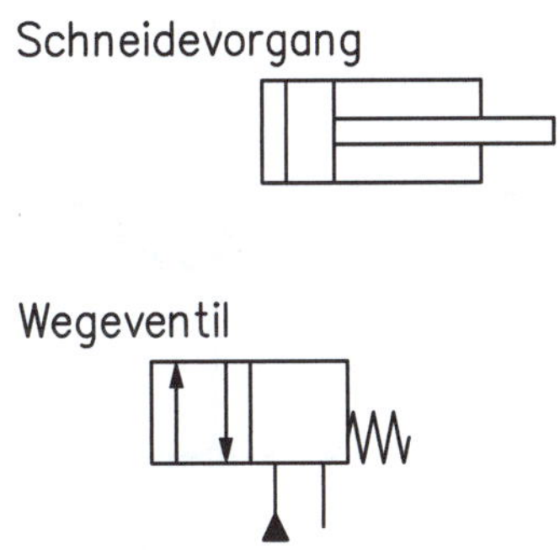

d) Schaltmöglichkeiten: ____________

Schaltmöglichkeiten	E1	E2	E3	Ausgangszustand	A
1					
2					

e) ____________

f) Der Schneidevorgang findet bei der Schaltungnummer ______ statt.

Signalverknüpfung: ____________

2. Aufgabe: Der Antriebsmotor eines Schiebetors soll durch einen Tastschalter S1 (E1) oder durch einen Tastschalter S2 (E2) oder durch ein Funksignal S3 (E3) geöffnet werden.

a) Skizzieren Sie das logische Bildsymbol.
b) Ergänzen Sie den Stromlaufplan.
c) Berechnen Sie die Schaltmöglichkeiten und erstellen Sie die Arbeitstabelle.
d) Wie lautet die Funktionsgleichung?
e) Bei welcher Schaltmöglichkeit bleibt das Tor geschlossen? Welchen Wert haben jetzt die drei Eingänge?

a) E1 E2 E3 A

E1 E2 E3 A

b)

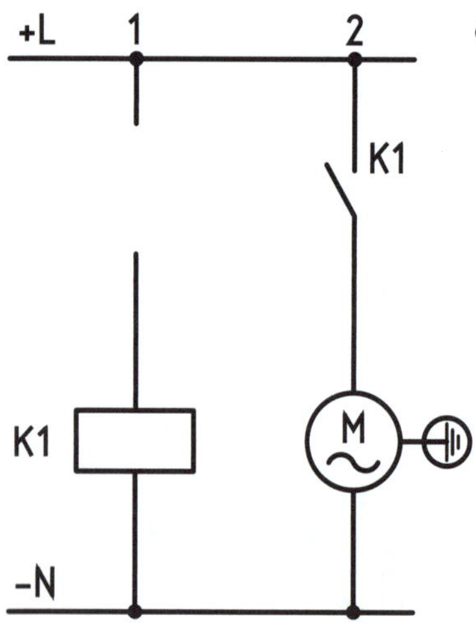

c) Schaltmöglichkeiten: ____________

Schaltmöglichkeiten	E1	E2	E3	Ausgangszustand	A

d) ____________

e) Das Tor bleibt bei der Schaltungsnummer ______ geschlossen.

Dann ist E1 = ______, E2 = ______ und E3 = ______.

3. Aufgabe: Eine logische Verknüpfung hat folgendes Bildsymbol:

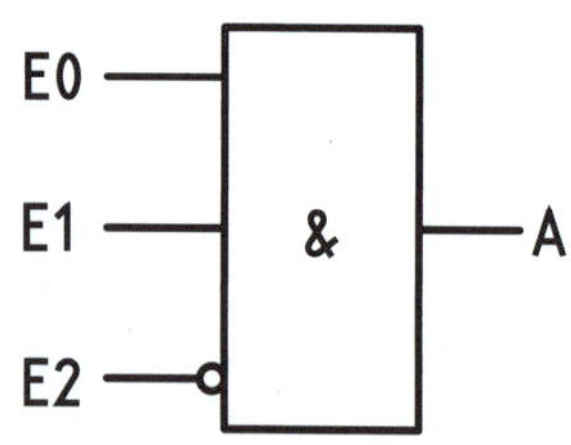

Erstellen Sie:
a) die Funktionsgleichung,
b) die Arbeitstabelle.
c) Welche Bedingungen müssen die Eingänge erfüllen, damit der Ausgang A ein Signal erhält?

a) ____________

b) Schaltmöglichkeiten: ____________

Schaltmöglichkeiten	E0	E1	E2	Ausgangszustand	A

c) E0 = ______, E1 = ______, und E2 = ______